"邕"抱科学

——南宁市科技馆科普活动案例

主　编　蒙科祺

副主编　孔晓梦　林少歆　肖重虎

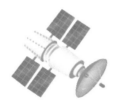

U0396798

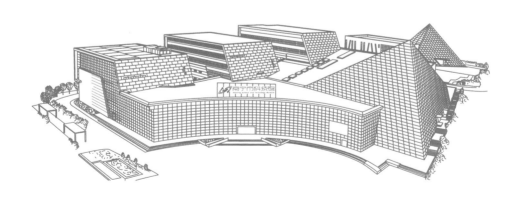

广西科学技术出版社

·南宁·

图书在版编目（CIP）数据

"邕"抱科学：南宁市科技馆科普活动案例 / 蒙科祺主编；孔晓梦，林少歆，肖重虎副主编 . -- 南宁：广西科学技术出版社，2023.9
ISBN 978-7-5551-2023-0

Ⅰ . ①邕… Ⅱ . ①蒙… ②孔… ③林… ④肖… Ⅲ. ①科学馆－科学普及－教育旅游－研究－南宁 Ⅳ . ① N282

中国国家版本馆 CIP 数据核字（2023）第 159997 号

"邕"抱科学——南宁市科技馆科普活动案例

主　编　蒙科祺
副主编　孔晓梦　林少歆　肖重虎

策　　划：何杏华　　　　　　　　　责任编辑：秦慧聪
责任校对：苏深灿　　　　　　　　　美术编辑：韦娇林
责任印制：韦文印　　　　　　　　　设计制作：吴　康

出版人：梁　志　　　　　　　　　出版发行：广西科学技术出版社
社　　址：广西南宁市东葛路 66 号　　邮政编码：530023
网　　址：http://www.gxkjs.com

印　　刷：广西昭泰子隆彩印有限责任公司

开　　本：787 mm×1092 mm　　1/16
字　　数：198 千字　　　　　　　　印　　张：11.5
版　　次：2023 年 9 月第 1 版　　　　印　　次：2023 年 9 月第 1 次印刷
书　　号：ISBN 978-7-5551-2023-0
定　　价：48.00 元

编委会

主　编：蒙科祺

副主编：孔晓梦　林少歆　肖重虎

编　委：陈泳宏　戴　微　吴　疆

　　　　黄庆宁　丰　盈　黄　科

　　　　蒲瑞锦　何丹丹　刘拯坤

　　　　吕哲茜　滕丽莉

前　言

党的二十大报告强调，要坚持教育优先发展、科技自立自强、人才引领驱动，加快建设教育强国、科技强国、人才强国。这为科学教育事业的长远发展提供了根本遵循。

科教事业是面向未来的事业，是未来的希望所在。深入实施科教兴国战略，离不开教育，特别是青少年科学教育。习近平总书记在中共中央政治局就加强基础研究进行第三次集体学习时提出："要在教育'双减'中做好科学教育加法，激发青少年好奇心、想象力、探求欲，培育具备科学家潜质、愿意献身科学研究事业的青少年群体。"青少年科学教育的目标并非要培养未来的科学家，而是培养青少年的科学素养，启发青少年在学习、应用基础科学的过程中形成有效知识、解锁潜在能力、树立正确观念、探索创新方法，养成热爱科学探究的习惯，培养科学家精神。加强青少年的科学教育、重视青少年科技创新后备人才培养工作是发展素质教育、落实"双减"工作的重要途径，有利于我国建设科技创新人才大军，实现高水平科技自立自强，对实施科教兴国战略、人才强国战略、创新驱动发展战略具有深远意义。

在"双减"背景下，做好科学教育，挖掘更多青少年科创人才，需要从小抓起、从各学段抓起，一体化推进。南宁市科技馆作为全国"'科创筑梦'助力'双减'科普行动"优秀单位，拥有丰富的科普展教资源，也研发了一批优秀的青少年科普活动。为满足当前广大中小学校、青少年家庭开展科学教育课程及科普活动的需求，我们组织专家团队，结合馆内科技辅导员力量，编撰了《"邕"抱科学——南宁市科技馆科普活动案例》

一书。本书围绕南宁市科技馆展厅的主题内容，深挖重点展品科学内涵，衔接《义务教育科学课程标准》（2022 年版），对南宁市科技馆科普活动案例进行收集、归纳、整理和提炼，整体收录了 6 个大类 39 个具有代表性且适合中小学生开展的跨学科科普活动。每个活动都包含展品（课程）简介、科学原理、分析思考、活动过程和知识延伸五个部分内容，并结合大量图片进行展示，实用性强、设计科学、案例详尽。我们希望阅读本书后，学生们能够从中认识科技馆，了解展品的科学原理，激发科学兴趣，形成多思考、勤动手、善观察、勇创新的良好习惯；科技辅导员、科学老师们能够有所启发，以学生为本，创新科学教育形式和方法，借鉴书中的科学教育、科普活动案例，充分利用科普资源助推"双减"工作，不断提高业务能力水平，做好科学教育加法，提高学生科学素质，着力培养科技创新人才。

本书的主体内容源于南宁市科技馆科技辅导员长期的工作实践，是我们整个团队的工作成果。由于时间紧、任务重，书中难免存在各种不足，恳请专家、读者给我们多提宝贵意见，以便我们不断完善，为读者提供更优质的科普服务。

编　者

2023 年 8 月

航天世界

工程世界

科学乐园

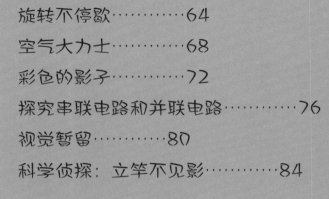

自然乐园

健康生活

科技制作

航天世界

你好，中国空间站

课程设计：孔晓梦

空间站工程是我国载人航天工程"三步走"发展战略中的第三步任务，目前已完成天和核心舱、问天实验舱和梦天实验舱"T"字形结构体的建造任务。随着我国"天宫"空间站的建成，"上九天揽月，踏宇宙星河"的梦想将逐渐成为现实。那么，上百吨的空间站是怎么运送到太空上去的，空间站又是怎样遨游在太空中的呢？

一、展品简介

空间站由多个舱段组成，南宁市科技馆展品"空间载人实验室"模拟了其中一个舱段，设置有航天员的工作设备和生活设施，包含机械臂、太空望远镜、太空植物栽培实验柜以及航天员手套、睡袋等。观众通过该展品身临其境地了解空间站的内部设置，体验航天员是如何在失重的状态下进行日常生活和开展工作的。

"空间载人实验室"展品

空间站内部陈设

二、科学原理

空间站主要是以火箭第一次发射产生的初速度为基础做惯性飞行，并依靠自身携带的少量燃料定期做速度补偿和位置调整，通过校正运行轨道，可保持一个相对匀速、相对高度的飞行姿态。空间站在太空中飞行时只受到指向地心的引力作用，可视作一个匀速圆周运动，由万有引力提供向心力。

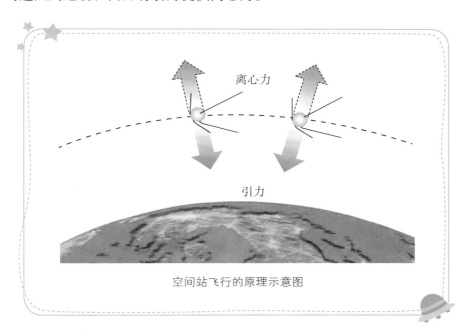

空间站飞行的原理示意图

三、分析思考

1. 空间站是如何进入太空的？

2. 空间站一直在飞行吗？靠什么动力飞行？

3. 我国为什么要建设空间站？

四、活动过程

（一）活动对象

7 岁以上青少年儿童。

（二）活动目标

1. 引导青少年了解我国航天科技发展历史。

2. 认识我国空间站各舱段。

3. 探究空间站能遨游太空的原因。

4. 学会动手制作空间站模型。

（三）活动准备

1. 方形、圆形拼接积木。

2. 空间站 DIY 模型。

3. 绳子、一个大球、一个小球、吸管若干。

（四）活动步骤

1. 第一阶段：认识我国空间站。了解空间站的"T"字形结构体是如何送上太空组建的；回忆空间站各舱段发射任务，利用积木自行搭建空间站模型。

我国空间站的构成示意图

2. 第二阶段：提出问题。为什么空间站能遨游在太空中不掉下来？

实验：小球拉大球

做圆周运动的物体，由于自身惯性，总有沿着圆周切线方向飞出去的倾向，在所受向心力突然消失或者不足以提供圆周运动所需的向心力的情况下，就会做逐渐远离圆心的运动，这种现象称为离心现象。实验中，小球做快速圆周运动，不断远离

转动手腕旋转上方小块橡皮泥球，细绳慢慢将大块橡皮泥球拉了上来

旋转中心，下方的大球受到细绳向上的拉力，就被拉了上来。实验说明了空间站不会掉下来而且能绕地球运动的原因，是因为有离心力的作用。离心力是一种虚拟力，是一种惯性的表现，它使旋转的物体远离它的旋转中心，空间站的速度在达到 7.9 km/s 时，它受离心力与万有引力平衡的影响，就不会掉下来。另外，空间站会定期调整轨道，货运飞船运送完物资后会为空间站助推，使得空间站能够一直变轨调整。

3. 第三阶段：锻炼个人动手能力和团队协作能力，拼装中国空间站模型。

带领学生拼装空间站模型，再次体会各舱段的组成和功能；引导学生关注航天事业发展，了解太空实验和建设中国空间站的意义。

孩子们动手拼装空间站模型

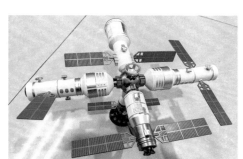

空间站组合体模型

五、知识延伸

利用空间站，我们可以进行哪些太空科学实验？

航天服里的秘密

课程设计：黄庆宁

女娲补天、嫦娥奔月、夸父追日等神话故事承载了中国人几千年来的飞天梦想。随着我国航天科技的发展和中国空间站的顺利建设，我国航天员多次出舱并完成了既定任务。那么，在恶劣的太空环境中，如何保障航天员的生命安全呢？南宁市科技馆航天世界展厅"宇航服拍照""宇航服展示"展品为观众揭秘航天服的功能。此外，为了让学生进一步探究航天服里的秘密，我们还设计了一系列与气压有关的研学活动。

一、展品简介

我们通过"宇航服展示"及"宇航服拍照"展品可以清晰看到航天服的外观，了解航天服的结构；同时利用"宇航服虚拟换装"展品，通过有趣的游戏互动让学生"穿"上各种航天服。展品虽简单，但深受观众喜欢。

"宇航服拍照"展品

"宇航服展示"展品　　　　"宇航服虚拟换装"展品

二、科学原理

空气是有质量的，上千公里厚的大气层可以产生很大的气压。人体内也有压强，而且与体外的大气压平衡。在太空极低压的环境中，由于外界气压小于身体内的压强，根据力的平衡原理，人体会在体内压力的作用下膨胀，此时如果没有航天服的保护，航天员的生命就会有危险。因此，航天员在出舱活动前，需要提前给航天服充入一定的气体，以确保人体内外压力平衡。

气球和棉花糖有弹性，将其内部充满气体后放在密封罩里，用于模拟人体在真空中的反应。当密封罩里的空气被抽出后，外部气压小于气球和棉花糖内部的气压，两者均发生膨胀。气压降低还会导致液体的沸点降低，极端情况下常温的自来水也会沸腾。由此可知，航天员在太空时如果没有航天服的保护，血液也会沸腾，产生大量气泡，威胁生命安全。

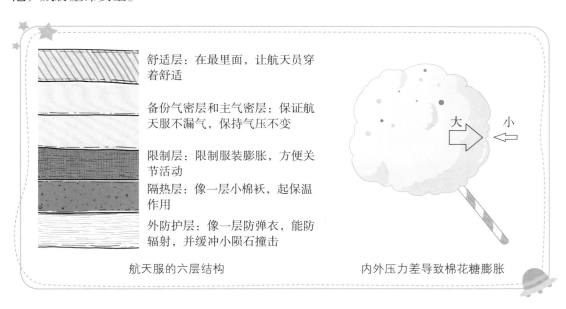

舒适层：在最里面，让航天员穿着舒适

备份气密层和主气密层：保证航天服不漏气，保持气压不变

限制层：限制服装膨胀，方便关节活动

隔热层：像一层小棉袄，起保温作用

外防护层：像一层防弹衣，能防辐射，并缓冲小陨石撞击

大　小

航天服的六层结构　　　内外压力差导致棉花糖膨胀

三、分析思考

1. 空气看不见摸不着，如何感知它的存在？

2. 空气有质量吗？上千公里厚的大气层有多重？

3. 我们每天头顶着几吨的大气压力，为什么没有被压扁？

4. 要保证航天员在太空中身体不会膨胀，航天服需要具备哪些特性？

四、活动过程

（一）活动对象

8—12 岁青少年儿童。

（二）活动步骤

1. 问题导入——感知大气压的存在。

观察、对比：有很多不同种类的航天服，哪种是航天员出舱时穿着的呢？

思考：为什么舱外航天服如此厚重？地球环境与太空环境有什么不同呢？如何验证空气的存在？进一步思考，空气有没有质量，大气压有多大？

动手实践：利用纸片、塑料袋等验证空气的存在；使用马德堡半球感受大气压的大小。

2. 情境引入——模拟低压环境实验。

思考：地球上的生物顶着这么大的大气压，为什么没有被压扁？

实践：鼓嘴巴小游戏。这个游戏可以说明人体内有空气、人的皮肤有弹性。

对比、模拟：用棉花糖和气球模拟人体，用自来水模拟人的血液，在真空抽气装置里观察其变化。

猜想与实验：模拟太空低压环境。将棉花糖、气球和盛有自来水的塑料杯放到密封抽气罩里，逐渐抽出空气，会发生什么样的变化？把猜想和实验结果分别填写到学习单上。

3. 对比与探究——保护棉花糖。

思考：如何让棉花糖在低压密封罩中不发生变化？让学生分析桌面上的工具，选出本组的棉花糖"航天服"给棉花糖穿上，同时抽出空气形成低压环境，观察它能否成功保护棉花糖。

猜想与实验：可乐瓶耐压性强，相较之下不易变形，因此里面的棉花糖几乎看不出膨胀；而密封塑料袋虽不会漏气，但由于产生了膨胀变形，内部气压也随之变小，因此棉花糖明显膨胀了。

4. 总结——了解航天服的特性。

航天服限制层的材料需具有密封、耐压性强、不会过度膨胀变形的特性，同时还需具备一定的柔软度。

5. 延伸。

使用抽气拔火罐亲身感受外部气压减小后身体局部膨胀的感觉。

（三）教学准备和教学过程

教学准备和教学过程如下图所示。

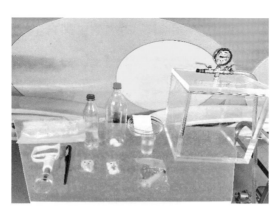

全套教学器材

学生和家长观察气球膨胀变化

用拔火罐亲身感受身体局部膨胀

五、知识延伸

自来水为什么会在常温下沸腾？水沸腾后会变热还是变冷？

北斗定位，画个圈圈找到你

课程设计：孔晓梦

"复移小凳扶窗立，教识中天北斗星。"古代的时候，我们的祖先就利用北斗七星引方向、辨四季、定时辰。如今以"北斗"命名的中国自主研发的全球卫星导航系统已成功建立，为全球定位、导航贡献中国智慧。

一、展品简介

南宁市科技馆北斗三号全球卫星导航系统星座模型由24颗地球中圆轨道卫星（MEO）、3颗倾斜地球同步轨道卫星（IGSO）和3颗地球静止轨道卫星（GEO）组成。北斗卫星导航系统可在全球范围内全天候、全天时为各类用户提供精准定位、导航、授时服务，并兼具短报文通信等功能。

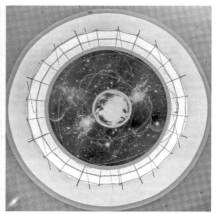

北斗三号全球卫星导航系统星座模型

二、科学原理

考虑到测量精度问题，包括中国"北斗"在内的全球卫星定位导航系统均采用时间测距导航定位，即掐表计时。若已知信号的速度，如果能测出信号从发出到被接收的时间，就能计算出发射端与接收端之间的距离。卫星定位系统中的大多数卫星其实就是一个个十分精准的计时器，它们能连续不断地向外发射信号，并精准地记录每个信号发射的时间。通过接收信号与卫星发出信号的时间差，即时延，就可以计算出这颗卫星离我们有多远。知道多颗卫星与我们的距离，以及这些卫星的具体位置时，我们就能利用立体几何方法准确地定位当下的位置了。计算公式如下：

距离＝时延 × 光速（$R＝t×c$）

三、分析思考

1. 测量距离的工具有哪些？（展示尺子、激光测距仪图片）

2. 想一想怎样描述自己所处的位置？

3. 不相同的两个圆相交有几个交点？如果是两个球相交呢？

四、活动过程

（一）活动对象

12 岁以上青少年（初中以上）。

（二）活动步骤

1. 认识北斗卫星导航系统。

通过交互式多媒体一体机学习、了解北斗卫星导航系统相关知识点，对其定位原理有初步的认识。

2. 根据已知的距离半径，使用圆规画圈的方法在地图上找到你的同伴。

（1）已知小科距离雷公岭1000米，所以小科的位置在粉色圈任意一点上。

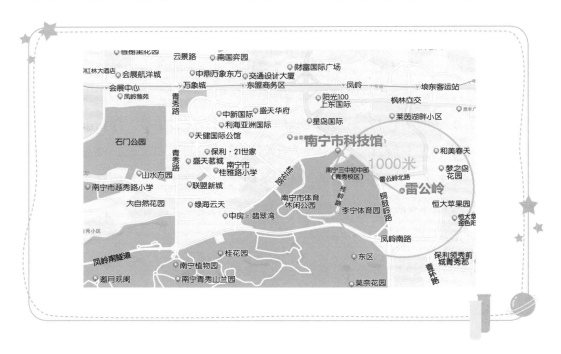

（2）已知小科距离桂雅路小学2000米，所以小科的位置可能是在蓝色圈与粉色圈的两个交点上。

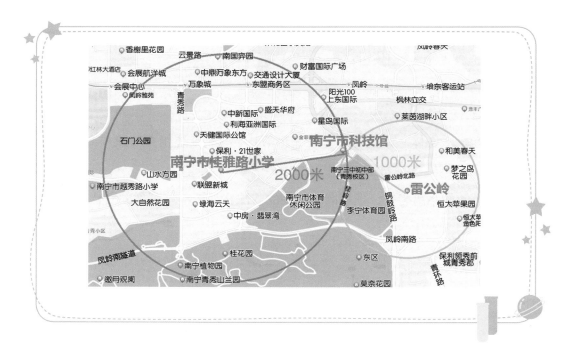

（3）已知小科距离凤岭地铁站 900 米，结合上述信息，可知小科的位置一定是在粉色圈、蓝色圈、红色圈的交点上。

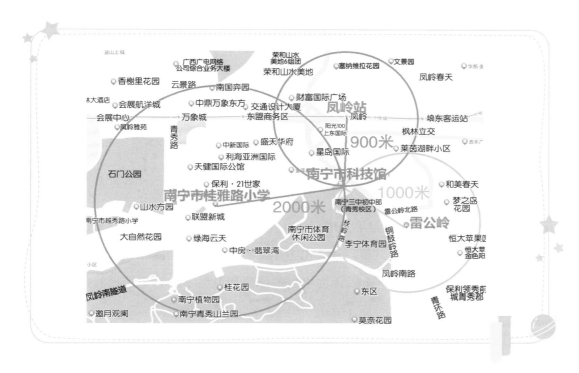

3. 想一想，在立体空间可以画圈定位吗？

空间中，任意一个点的位置都可以通过三个坐标数据 X、Y、Z 来确定。

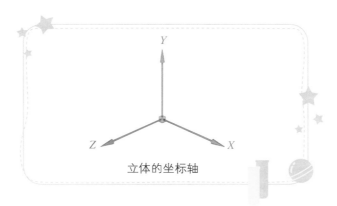

立体的坐标轴

在进行目标定位时，我们以卫星为参考点，通过电磁波传递时间计算卫星和目标点之间的距离。

电磁波以定位卫星为中心，呈球形释放。如果用一颗卫星做参考定位，假设目标点

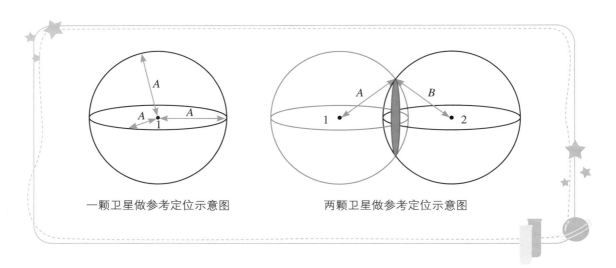

一颗卫星做参考定位示意图　　　　　两颗卫星做参考定位示意图

与卫星之间的距离为 A，则以卫星为球心，以 A 为半径的球面上所有点都满足条件。

接着，我们引入第二颗卫星，计算出卫星 2 与目标点之间的距离 B，同时满足这两个条件的点将会出现在卫星 1 以 A 为半径的球面和卫星 2 以 B 为半径的球面相交的圆上。

现在已经能确定目标点在两个球形交界的边缘上，绿色圆边即为定位点所在范围，此时尚无法准确定位。这时需引入第三颗卫星，计算出卫星 3 与目标点之间的距离为 C。此时以卫星 3 为圆心，以距离 C 为半径的球形会与卫星 1、2 交界面相交，而满足目标点到卫星 1、2、3 的距离为 A、B、C 的点仅剩 2 个。地球作为一个巨大的球面可参与到定位中，再排除其中一个点，就可以得到最终的目标点。

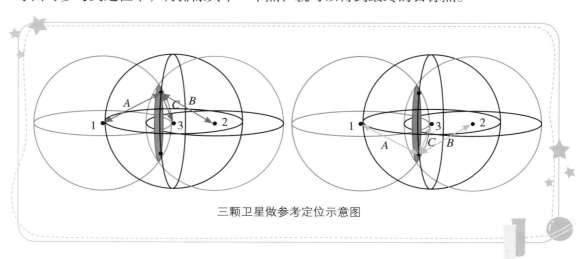

三颗卫星做参考定位示意图

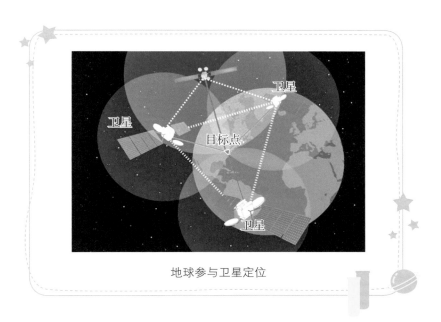

地球参与卫星定位

在实际运用中，可以通过三颗卫星粗略计算出大致的坐标，获得粗略定位。若想获得更准确的坐标信息，则需要引入第四颗卫星，实现精准定位。

五、知识延伸

第四颗卫星的作用是什么？

正所谓失之毫厘，谬以千里，第四颗卫星主要用于时钟对准。卫星的原子时钟和地面接收站的时钟会有误差，由于光速极大，这样测量的伪距误差会很大，所以需要第四颗卫星联立四个方程以求解时间差。

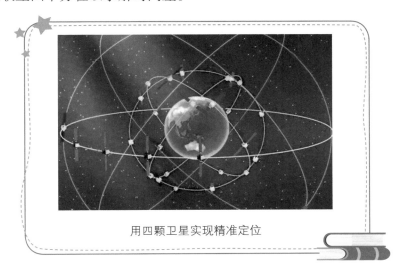

用四颗卫星实现精准定位

飞船对接　千里相会

课程设计：孔晓梦

飞船对接是指两个航天器不远千万里地会合后连接装配在一起。这是建设中国空间站的关键技术，是实现"1＋1＝1"的前提，也是航天器在轨运行中最复杂的技术之一，而这一切的帷幕在火箭发射之前已然拉开。天宫建成，结果源自开头，起点通往终点，牵一发而动全身，谋全盘而成良局。飞船的交会对接是航天这一系统工程中不可或缺的组成部分。

一、展品简介

在南宁市科技馆发射指挥中心可直观地看到飞船模拟对接演示。飞船交会对接是实现航天站、航天飞机、太空平台和空间运输系统的空间装配、回收、补给、维修、航天员交换等在轨服务的先决条件。"飞船模拟对接演示"展品主要展示了神舟飞船和天宫一号的对接过程。

"飞船模拟对接演示"展品

二、科学原理

飞船对接是指飞船和飞行器在相对速度接近 0 的情况下，连在一起进行各种物资或者人员的输送。航天器是沿着轨道飞行的，轨道越低，速度越快。在对接过程中飞船逐渐抬高轨道，与目标飞行器的相对速度也逐渐减小，当与目标飞行器轨道高度相同时，两者的相对速度为零，对接就可实现。

三、分析思考

1. 飞船追赶目标飞行器的过程中速度是怎样变化的？

2. 飞船对接后是运动状态还是静止状态？

3. 对接是由飞船自己控制的吗？

四、活动过程

（一）活动对象

12 岁以上青少年（初中以上）。

（二）活动步骤

1. 飞船从地面升空然后不断变轨，速度发生了怎样的变化？

实验探究：用一根绳子捆绑住一个物体（如飞船模型）并甩起来，让物体做匀速圆周运动，然后慢慢缩短或放长绳子，观察物体运动的速度。我们发现，绳子越长，物体运动越慢。

半径越大，速度越慢

半径越小，速度越快

用物理公式再次验证：假设 v＝飞船速度，M＝地球质量，G＝万有引力常数，r＝地心距，$v=\sqrt{\dfrac{GM}{r}}$。可见，距离地心越远，飞行速度越小，所以飞船轨道越高，速度越慢。

2. 飞船对接后为什么是相对静止的，它们是否还在运动？

科学游戏：接力赛跑，感受一下两人以怎样的速度传递接力棒最安全、最平稳。

天宫一号在轨道上绕地球做圆周运动。当飞船与天宫一号轨道高度相同时，两者的速度一样，它们的相对速度为零，飞船相对于天宫一号的位置不会发生改变，以天宫一号为参照物，飞船是静止的；飞船与天宫一号绕地球运转，以地面为参照物，它们是运动的。

判断一个物体是静止状态还是运动状态，必须选择合适的参照物。参照物不同，物体的运动状态就不同。相对静止指两个物体同向同速运动，两者以对方为参照物，位置没有发生变化。

参照物不同，物体的运动状态也会发生变化

航天指挥控制中心现场

模拟航天科技工作者实施发射任务

3. 飞船的对接主要由哪里控制的？

航天指挥控制中心是航天器飞行的指挥控制机构，主要职能为完成各种数据的收集、处理与发送，监视航天器的轨道、姿态及其设备的工作状态，实时发送控制指令，等等。

体验实践：以小组为单位进入航天世界展厅发射指挥中心，聆听火箭发射流程讲解，体验指挥员、操作员等岗位；模拟火箭组装、燃料加注、火箭运输、交会对接、入轨调姿和天地通信等阶段的任务，体验地面指挥控制中心工作人员严谨的工作态度，感受我国航天科技魅力。

五、知识延伸

航天器速度达到多少时可以绕地球做圆周运动？

1. 第一宇宙速度——7.9 km/s。

航天器达到了这个速度，就可以绕地球做圆周运动，不需继续推进；如果小于这个速度，它就会掉下来。

2. 第二宇宙速度——11.2 km/s。

航天器达到了这个速度，就可以脱离地球引力，环绕太阳飞行。所有行星或卫星探测器的起始飞行速度都高于第二宇宙速度。

3. 第三宇宙速度——16.7 km/s。

航天器达到了这个速度，就可以脱离太阳系的引力，飞出太阳系，进入更广阔的宇宙空间。

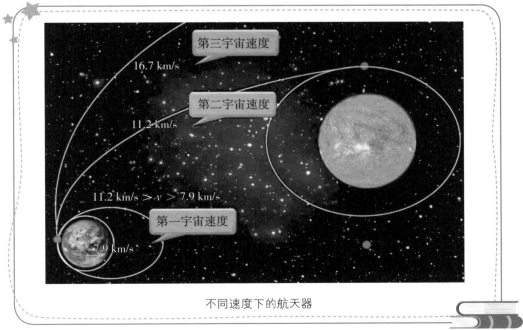

不同速度下的航天器

探秘月球，寻找月相成因

课程设计：黄庆宁

月亮高悬于夜空，给予人们美好的想象；人们利用月亮来记录时间、指引方向。探索月亮，是人类自古以来的梦想。航天世界展厅"月球重力体验""模拟驾驶月球车"和"月球登陆模拟"等展品展示了人类在探索月球方面的科技成就。

一、展品简介

"月球登陆模拟"展品模拟乘坐飞船登陆月球的过程，让观众在"月球"上留下自己的脚印。从着陆舱出来，观众可以执行"驾驶月球车"任务感受未来人类驾驶月球车奔跑的场景，还可以模拟远程操作"玉兔号"月球车在月球表面探测和挖掘月壤。

月球登陆模拟

驾驶月球车

模拟远程操作"玉兔号"月球车

二、科学原理

从天文学上来说，月相指的是月亮的阴晴圆缺。月相的变化是由月球、地球、太阳之间的相对位置变化引起的。月相变化周期为 29.53 天，这也是农历中定义大月 30 天、小月 29 天的原因。

农历初一，月球位于太阳和地球之间，因此在地球上看不见月亮，称为新月或朔。

农历初七、初八，由于月球绕地球继续向东运行，日、地、月三者的相对位置成为直角，即月地连线与日地连线呈 90°。地球上的观察者看到月球正好是西半边亮，亮面朝西，呈半圆形，称为上弦月。

农历十五、十六，月球运行到地球的外侧，即太阳、月球位于地球的两侧。通常情况下，地球不能遮挡住日光，月球亮面全部对着地球，人们能看到一轮明月，称为满月或望。

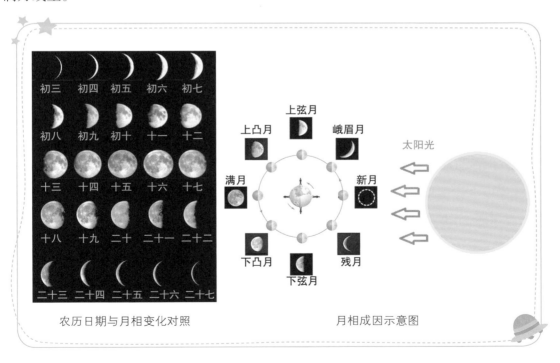

农历日期与月相变化对照　　　　　　月相成因示意图

三、分析思考

1. "床前明月光，疑是地上霜"——为什么月光像"寒霜"？

2."人有悲欢离合，月有阴晴圆缺"——为什么月亮有时候像个大圆盘，有时候弯弯的像小船？

月相变化

四、活动过程

（一）活动对象

8岁以上青少年儿童。

（二）活动步骤

1."疑是地上霜"——月光为什么是寒冷的？

2.黑夜中人们能看到自己的双手吗？能看到手电筒吗？

——引出发光物体和不发光物体的分类；月亮反射太阳的光线，因此能被看到。

3.月亮为什么有阴晴圆缺？

使用三球仪建立基本的天体运行关系——日、月、地三者的位置运行关系。

4.采用角色扮演的方式探究月相变化的原因。

5.学习使用并制作月相仪。

（三）教学准备和教学过程

教学准备和教学过程如下图所示。

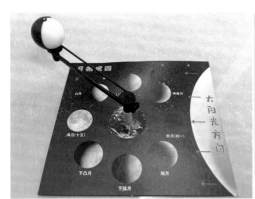

教具

电动三球仪

学生角色扮演，体验天体位置变化

动手制作月相仪

五、知识延伸

用同样的方法来思考一下月食的成因吧！

"我的太空一日"探秘

课程设计：何丹丹　滕丽莉　吕哲茜

本活动主要依托南宁市科技馆航天世界展厅的火箭、神舟飞船、返回舱展品，以中国首位航天员杨利伟的事迹和课文《太空一日》为活动文本，带领大家深入了解部分航天器的科学原理。通过对比实验探究超重的奥秘，发现超重形成的规律，了解超重对航天员产生的影响，并找到解决办法。本活动可帮助学生将"飞天梦""科学梦"与课本知识无缝衔接，进一步激发学生的科学探索热情和民族自豪感。

一、展品简介

（一）长征 2F 运载火箭模型

长征 2F 运载火箭是航天世界展厅最大的模型，高达 20 米，火箭与模型的比是 3∶1，即真正的火箭是模型的 3 倍，高 60 米左右，相当于 20 层楼的高度。它是我国自行研发的载人航天运载火箭，能够安全可靠地将飞船送入预定轨道，若在飞出大气层之前出现重大故障，还能根据救生要求使航天员安全脱离故障危险区。

（二）神舟五号飞船高仿真模型

神舟五号高仿真模型以神舟五号飞船为原型，按照 1∶1 的比例制作。由推进舱、返回舱、轨道舱和附加段构成，总长约 9 米，总重约 8 吨。神舟系列载人飞船由专门为其研制的长征二号 F 火箭发射升空。神舟飞船是中国研制的载人系列飞船，神舟五号飞船于 2003 年 10 月 15 日将中国飞天第一人杨利伟送入预定轨道。

（三）返回舱模拟体验

真实的返回舱形状像一个倒碗，位于飞船的中段，是整艘飞船的指挥控制中心，也是唯一返回地面的舱段，还是航天员的"驾驶室"。它重约 3 吨，高 2.2 米，最大直径 2.5 米，活动的范围约 6 立方米，最多能容纳 3 名宇航员。内部是轻质铝合金材料，有良好的密封性；外部是轻质放热性的非金属材料，可以承受返回舱进入大气层过程中上千摄氏度的高温。展品以真实的返回舱内景为蓝本，模拟神舟飞船发射升空的动态过程。参与者进入体验舱后可模拟完成航天员的工作任务，同时体验升空、返回过程中的震动、调姿等体感效果，并通过舷窗视景的变化、操纵杆的操作，配合机械动作，实现接近实景的感官体验。

长征 2F 运载火箭模型

神舟五号飞船高仿真模型

神舟五号飞船返回舱

二、科学原理

在杨利伟所写的《太空一日》课文中，我们能找到一些他感受最深刻的瞬间，即在飞船发射升空—环绕飞行—返回降落过程中出现的几次难受的症状。

火箭在运动过程中所承受的重力和支持力是不相等的。我们结合生活中的实际场景，借助运行中的电梯进行试验，发现超重的规律——当物体做加速向上或减速向下运动时，物体所受的支持力大于物体自身的重力，此时物体处于超重状态。

处于超重环境中的航天员，呼吸功能会受到影响，血液会往腿部转移，导致头部缺血，视力模糊，产生"黑视"，甚至可能丧失意识。半躺式的姿势是人体承受过载能力时最安全的姿势，这就是返回舱座椅设计成躺式的原因。

三、分析思考

1. 在《太空一日》课文中，随着飞船发射升空—环绕飞行—返回降落，杨利伟的身体出现几次难受的症状，产生这种现象的原因是什么？

2. 通过返回舱模拟体验，我们完成了航天职业体验，有没有发现返回舱的座椅和其他交通工具的座椅有些不一样，为什么会这样设计呢？

四、活动过程

（一）活动对象

8 岁以上青少年儿童。

（二）活动步骤

本活动需使用的物品及活动步骤如下。

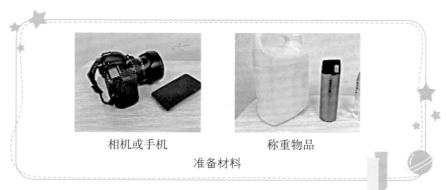

相机或手机　　　　　　　　称重物品

准备材料

笔记本、笔、A4 纸

厨房秤

七年级语文课本

白板

准备材料

1.情境导入，引发思考。

（1）大家知道我国第一位航天员是谁吗？他和这些展品有什么关系呢？

（2）结合《太空一日》里面的描写，在发射升空—环绕飞行—返回降落过程中，他的身体出现了几次难受的症状，为什么？

（3）鼓励学生利用已学的力学知识，对火箭的状态进行受力分析。

（4）科技教师确立探究任务：火箭加速上升过程中，杨利伟因在火箭内受到的支持力和他自身的重力不平衡而感到难受。如何利用实验找到这两种力之间的关系呢？

2.明确探究任务，实验设计与实施。

（1）火箭加速上升的运行状态和生活中哪些场景类似，开展实验需要满足哪些条件？

（2）学生按照讨论结果进行实验设计：电梯从静止到启动上升的过程，可用于模拟火箭静止到发射升空的过程；学生利用自带的厨房秤和物品在场馆内电梯进行实验测量，借助手机摄像记录完整的数据变化情况。

（3）实验结果交流分享。

每组选派一名代表进行实验结果汇报。综合大家的探究实验结果，基本形成初步的认识：当电梯从静止开始加速启动时，示数开始变大；当电梯运行平稳时，示数就恢复到物体的正常重量值。

（4）科技教师引出新的探究任务。

在返回舱返回时，是否也处于超重环境？

3. 初步认识超重原理，提出猜想与验证。

（1）学生根据老师提出的问题，进行实验猜想。

（2）学生分小组开展，在电梯从静止到下落到指定楼层的过程中重复上述实验步骤。按照实验要求做好团队成员的分工安排，仔细观察实验过程中出现的各种现象，做好记录。

（3）每组选派一名代表进行实验结果汇报。得到结论：当电梯即将到达预定楼层开始减速停止时，示数开始变大。

（4）学生总结形成超重现象的规律：当物体做加速向上或减速向下运动时，物体所受的支持力大于物体自身的重力，此时物体处于超重状态。

4. 运用新概念，解决新问题。

（1）学生进入"返回舱模拟体验"展品，通过团队协作的方式模拟航天员的职业角色，学会像航天员一样思考并完成工作任务。

（2）学生通过对比返回舱的座椅和其他交通工具的座椅，产生思考：返回舱的座椅为什么是躺式的？

（3）科技教师介绍超重对航天员身体的影响。超重会影响人的呼吸功能，严重者甚至可能丧失意识。

（4）学生讨论并提出解决办法，科技教师进行总结补充。返回舱上有根据每位航天员个性化的身材数据定制的"赋形坐垫"，穿上后能够减小超重环境的影响。半躺的姿势是人体承受过载能力时最安全的姿势，因此座椅就相应的设计成躺式。

学生们在测量物品重量

五、知识延伸

通过图书馆、网络等途径查找资料，了解航天事业发展需要哪些方面的科学知识作为支撑，学习更多能运用到航天科技领域的科学技术。

工程世界

新"神笔马良"之 3D 打印笔

课程设计：丰　盈

古有神笔马良，今有 3D 打印笔。少年儿童通过学习使用 3D 打印笔，既可以培养动手、动脑能力，又可以训练空间感知能力和艺术创作能力。新"神笔马良"之 3D 打印笔体验活动的开展，让少年儿童可以将自己的想象用笔描绘出来，把 2D 平面图变为 3D 立体实物，成为 21 世纪的"神笔马良"。

一、展品简介

"机器人与 3D 梦工厂"展区由 3D 扫描及建模区、3D 打印机和智能机器人三部分构成，观众在这里可以体验 3D 扫描、打印的全套流程。

"机器人与 3D 梦工厂"展区　　　　　　　　　3D 打印机

二、科学原理

3D 打印，即快速成型技术的一种，又称增材制造，这项技术的载体——3D 打印机实际上是一种利用光固化和纸层叠等技术的最新快速成型装置。它与普通打印机的工作原理基本相同，与电脑连接后，通过电脑控制把液体或粉末等"打印材料"一层层叠加起来，最终把计算机上的蓝图变成实物。3D 打印技术最初仅适用于小批量、小尺寸、高精度、造型复杂的零部件元器件的加工制造，现已广泛应用在珠宝、航空航天、医疗产业、教育等众多领域。3D 打印技术是制造业革命中实现奇思妙想的最佳搭档。

三、分析思考

1. 什么是 3D 打印？

2. 3D 打印技术应用在哪些方面？

四、活动过程

（一）活动对象

7 岁以上青少年儿童及其家长。

（二）活动步骤

1. 结合"玩魔方机器人""智能世界大使""机器人与 3D 梦工厂""柔性制造""机器人小管家与智能家居"等高科技展品，开展关于机器人与人工智能的主题讲解，向观众介绍科技给人类生活带来的影响。

2. 结合"机器人与 3D 梦工厂"展厅内的各个展项，开展新"神笔马良"之 3D 打印笔体验活动，让青少年儿童在活动中深入了解并体验 3D 打印技术。

（三）教学准备和教学过程

教学准备和教学过程如下图所示。

机器人与人工智能主题讲解

观众认真听科技辅导员讲解 3D 打印技术

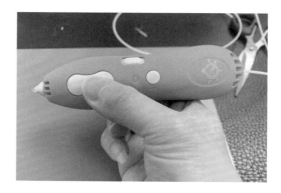

3D 打印笔的使用

使用 3D 打印笔进行自行车部件的绘制

科技辅导员指导学生用 3D 打印笔打印自行车

部分学生作品合集

五、知识延伸

3D 打印的未来发展方向是怎样的?

翻转机器人

课程设计：梁耀文

仿生学是模仿生物的科学。自古以来，人们通过研究、模仿生物发明创造了很多东西。人们模仿鱼的体形制作了船，并用木桨模仿鱼鳍掌握了让船转弯的方法；400多年前的达·芬奇，通过认真观察鸟的飞行，研究鸟的身体结构，制造出了人造飞行器；等等。

一、展品简介

智能世界大使"小罗"曾经是世界一流的开放式智能机器人，全身多处关节能够自由活动，手指可灵活独立控制，具有丰富的面部动作和 LED 表情，可以绘声绘色地为观众讲故事、模拟经典电影场景、演唱歌曲等。

智能世界大使机器人"小罗"

二、科学原理

翻转机器人由减速电机驱动，依靠双臂把身体支撑起来，逐步转动身体，最后实现身体的翻转，其姿势类似于大猩猩翻转。机器人翻转全程都依赖手臂转动，因此动作比较笨拙，但相当有趣。

三、分析思考

1. 翻转机器人是如何实现翻转的？

2. 翻转机器人是否可以反着翻转，如何实现？

四、活动过程

（一）活动对象

10 岁以上青少年儿童及其家长。

（二）活动步骤

1. 介绍翻转机器人相关背景知识、制作方法以及制作过程中需要注意的事项。

2. 动手制作翻转机器人，指导学生完成作品。

3. 总结交流。

（三）教学准备和教学过程

1. 材料准备：翻转机器人制作材料包、十字螺丝刀等。

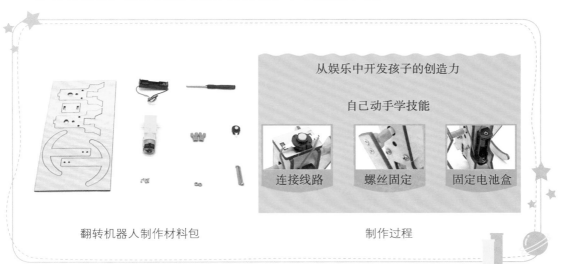

从娱乐中开发孩子的创造力

自己动手学技能

连接线路　　螺丝固定　　固定电池盒

翻转机器人制作材料包　　　　　　制作过程

翻转机器人实物

2.教学过程：翻转机器人制作材料包中有各种零件，需要参与者动手组装，锻炼参与者的观察能力和动手能力。由于部分零件较小，年龄小的参与者需要家长协助完成组装。第一步，用长螺丝和螺母将侧板固定在电机的两侧，在上面放上顶板卡盒并粘贴开关。第二步，在电机上粘贴电池盒，安装电机轴连接件，随后将红色导线截下2/3，一端连接开关，一端连接电机，将两侧的连接件用螺丝固定在 T 形板上。第三步，装上电池，翻转机器人就制作完成了。

科技辅导员讲解翻转机器人的科学原理

科技辅导员指导观众动手制作翻转机器人

五、知识延伸

翻转机器人可以应用在哪些方面？

机械尺蠖

课程设计：林少歆　梁耀文

机器人一般由执行装置、驱动装置、检测装置、控制系统等组成。机械传动结构作为执行装置中的重要组成部分，对机器人的动作执行起到至关重要的作用。

一、展品简介

本课程参考南宁市科技馆"聪明的机械狗""卡通机械传动"等展品的传动结构，以及自然界中尺蠖伸缩相间的运动方式，结合讲授法、模型法、任务驱动法等教学方法，采用材料包（三合板结构件、马达、电池盒等）为教学用具，通过观察构思、动手搭建、调试反馈等学习方式，让学生在完成机械尺蠖拼搭任务的同时学习单向步进运动和间歇运动方式以及作用力与反作用力、曲柄摇杆等知识。

"聪明的机械狗"展品　　　　　　　　　"卡通机械传动"展品

二、科学原理

　　机械尺蠖主要通过曲柄摇杆、皮带摩擦力和地面摩擦力共同作用，实现间歇"伸缩"向前运动。曲柄摇杆机构是指具有一个曲柄和一个摇杆的铰链四杆机构，通常曲柄为主动件且等速转动，摇杆为从动件作变速往返摆动，连杆作平面复合运动。

三、分析思考

　　（一）机械尺蠖中，曲柄、摇杆、连杆分别对应尺蠖哪个部位？

　　（二）尺蠖伸展时前足往前伸，收缩时为什么不是收回前足，而是后足往前收？

尺蠖身体收缩"蓄力"

尺蠖身体伸展前进

四、活动过程

（一）活动对象

本课程教学对象为 10 岁以上的青少年儿童；以家庭为单位，限 10 组家庭参加。

（二）活动步骤

1. 通过观察和了解尺蠖的运动特点，感受单向步进运动方式。

2. 完成机械尺蠖搭建，并掌握作用力与反作用力、曲柄摇杆等知识。

（三）教学准备和教学过程

1. 材料准备。

序号	实验材料名称	数量
1	曲柄摇杆模型	1 套
2	材料包（三合板结构件、马达、电池盒等）	10 套
3	十字螺丝刀	10 把

2. 教学过程。

第一步，通过视频动画或单只手指模仿，了解自然界中尺蠖的运动特点。

第二步，请 1 名学生与老师一起完成推拉互动小游戏。二人面对面、手牵手，一人站稳，双手拉动靠近时模仿尺蠖收缩蓄力，双手推开时模仿尺蠖身体伸展前进。通过有节奏的推拉互动小游戏，讲授作用力与反作用力及皮带摩擦等知识点。

第三步，通过讲解及体验曲柄摇杆模型，让学员直观理解曲柄摇杆结构中曲柄转动转换为摇杆往复摆动的单向步进运动原理。

第四步，学生与家长一起完成机械尺蠖的组装。在老师讲解下，先观察机械尺蠖的整体结构，再按照"前足—后足—曲轮—连杆—电池盒—四轮"的顺序进行拼搭，最后完成调试。材料包主要由三合板结构件、马达、电池盒等配件组合而成，开封时需小心，避免小配件丢失。

第五步，总结分享。让学生分享上课过程的体验和感受以及对知识点的理解等，老师做最后点评并再次强调相关知识点，让学生不仅收获机械尺蠖模型，还学到相关知识。

科技老师认真辅导学生拼搭

机械尺蠖

五、知识延伸

想一想，还有什么玩具需要使用机械传动结构？

雨滴传感器

课程设计：梁耀文

传感器的存在和发展，让物体有了触觉、味觉和嗅觉等感官，慢慢"活"了起来。传感器具有微型化、数字化、智能化、多功能化、系统化、网络化等特点，是实现自动检测和自动控制的关键设备。

一、展品简介

"传感器大家族"的展项台上分别展示了 12 种不同类型的传感器。每个传感器体验装置的前面都有与其相应的功能特征、操作方式和相关知识的影片介绍，观众可以逐一与传感器体验装置进行互动，了解其技术特点和工作原理。

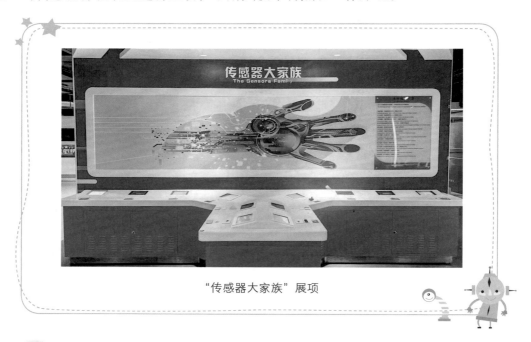

"传感器大家族"展项

二、科学原理

传感器是一种检测装置，能感受到被测量的信息，并按一定规律变换为电信号或其他所需形式的信号输出，以满足信息的传输、处理、存储、显示、记录和控制等要求。雨滴传感器是利用了雨水的导电性，当水滴入传感板而连通导线时，就会出现合上开关的效果，使电路中的 LED 灯发光。

三、分析思考

1. 我们平时接触到哪些传感器？

2. 雨滴的大小是否会影响雨滴传感器的工作？

四、活动过程

（一）活动对象

10 岁以上青少年儿童。

（二）活动步骤

1. 介绍雨滴传感器相关背景知识、制作方法以及制作过程中需要注意的事项。

2. 动手制作雨滴传感器，指导学生完成作品。

3. 总结交流。

（三）教学准备和教学过程

1. 材料准备：雨滴传感器材料包、十字螺丝刀等。

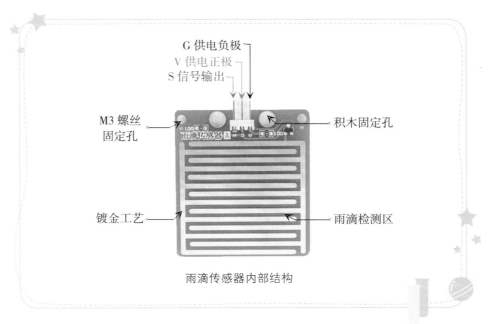

雨滴传感器内部结构

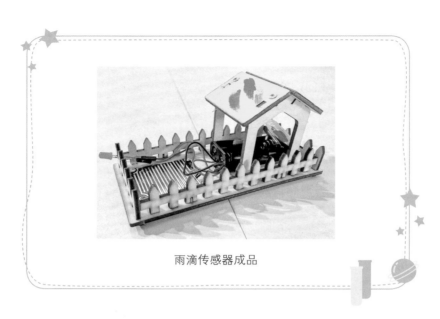

雨滴传感器成品

2. 教学过程：雨滴传感器由传感器、导线、电池、LED 灯和螺丝等组成，需用螺丝把木板固定起来组装完成。制作材料包中有各种零件，需要参与者自己动手组装。安装围栏的时候需要按压固定并拧紧螺丝，年龄较小的参与者可以由家长协助完成。红色、黑色、蓝色、绿色等不同颜色的导线具有不同作用，不能接错。安装完成后接通电路，滴上水滴，LED 灯便会发光；如果 LED 灯不亮，需要检查线路是否连接正确。

科技辅导员为学生讲解雨滴传感器的制作方法

学生在动手制作雨滴传感器

五、知识延伸

雨滴传感器除了用于检测是否降雨及雨量的大小，还可以用在哪些方面？

大桥的秘密

课程设计：韦晶晶

交通是一个国家的"大动脉"，而桥梁是交通中不可或缺的组成部分。桥梁有多种不同的结构，这与其承重方式和承重力有很大关系。自然乐园展厅的"搭拱桥"和"修桥搭路"等展品，带领观众利用积木了解拱桥承重之巧妙。

一、展品简介

"搭拱桥"展品利用长短不一的木棍，搭建名为"达·芬奇桥"的拱桥，依靠木棍之间的结构相互支撑，无需任何绳索和紧固件，是一种自承式拱桥。观众可以发挥想象力用积木块"修桥搭路"，对桥梁、道路进行规划和设计。

"搭拱桥"展品

"修桥搭路"展品

二、科学原理

拱形受压会产生向下的压力和向两端的水平推力，只要拱足抵住向两端的推力，拱就能承受很大的压力，这就是拱桥的基本原理。

拱桥承重时会把压力向外传导给相邻的部分，拱形各部分相互挤压则结合得更加严密。拱桥承压后会产生一个向外的推力，这时桥基和桥墩与拱形的桥身相互作用，使桥的结构非常稳固。

我国著名的赵州桥由一个大拱和四个小拱组成，大拱的两肩上各开有两个小拱，由 28 道拱圈拼成，每道拱圈都能独立支撑上面的重量，整个大桥连成一个紧密的整体，构造稳定牢固，造型优美。多拱桥的承重力比单拱桥更大，这是由于拱形的压力传导作用，当某主孔受到压力时，能通过拱形结构将压力传递到其他拱形上，通过多拱分散压力，承重力也就提高了。

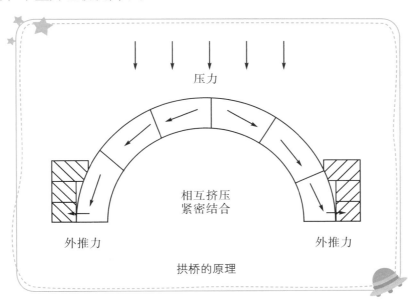

拱桥的原理

三、分析思考

为什么要做拱桥？桥面越厚桥越牢固吗？

四、活动过程

（一）活动对象

8岁以上青少年儿童。

（二）活动步骤

1. 认识梁桥和拱桥。

梁桥是最常见的桥梁类型，即由两个桥墩和一个横梁构成的简单的桥。拱桥的结构最稳固，几乎所有保存至今的古代桥梁都是拱桥。

现实生活中的拱桥

2. 哪种桥梁承重最好？

实验探究：学生搭建桥梁模型，利用重物对梁桥和拱桥承重力进行测试。

3. 拱桥的拱有什么用？桥面越厚桥越牢固吗？

实验探究：改变拱桥条件，观察桥面变化，探究增大桥梁承重力的方法。

（三）教学准备和教学过程

教学准备和教学过程如下图所示。

探究拱桥条件改变后的变化

科技辅导员向学生介绍桥梁

动手制作桥梁模型

五、知识延伸

除了拱桥，大家还见过什么类型的坚固的桥？

初识汽车发动机

课程设计：黄　科

汽车发动机被称为汽车的心脏，能为汽车提供动力。

一、展品简介

"虚拟驾驶"展品通过虚拟驾驶系统，让体验者在虚拟的驾驶环境中感受到接近真实的视觉、听觉和体感效果。这是一场不是真车胜似真车的虚拟驾驶体验，改装过后的汽车与三维路况仿真效果形成统一的整体，体验者在车上操纵方向盘、踩踏刹车及油门踏板，便能在系统营造的虚拟环境中畅行。

"虚拟驾驶"展品

二、科学原理

踩下油门踏板汽车就会动起来，而且踩得越深汽车跑得越快。油门踏板是控制发动机运转快慢的关键，那它又是如何实现的呢？简单来说，发动机是通过燃烧可燃气体的方式将化学能转换为热能，最后转化为机械能，从而推动机械结构的运动，这是一种能量转换的过程。我们以现在常见的四冲程发动机为例，它完成一次做功包括吸气、压缩、做功、排气四个冲程。

吸气冲程：汽油机将空气与燃料在气缸外的化油器中、节气门处或者进气道内进行混合，形成可燃混合气体后吸入气缸。在此过程中，进气门开启，排气门关闭。随着活塞从上止点向下止点移动，活塞上方的气缸容积增大，气缸内的压力降低到大气压以下，这样就会在气缸内形成真空吸力，可燃混合气体便经进气门被吸入气缸。

压缩冲程：为了将气缸内的可燃混合气体迅速燃烧以产生较大的压力，从而使发动机输出较大功率，必须在燃烧前将混合气体压缩，使其容积缩小、密度增大、温度升高。在这个过程中，进、排气门全部关闭，曲轴推动活塞由下止点向上止点移动。

做功冲程：在这个冲程中，进、排气门还是一直关闭的。当活塞接近上止点时，装在气缸体或气缸盖上的火花塞发出电火花点燃被压缩的可燃混合气体，释放出大量的热能，缸内压力和温度迅速增加。由此产生的高温、高压气体推动活塞从上止点向下止点运动，通过连杆使曲轴旋转并输出机械能。

排气冲程：需将可燃混合气体燃烧后生成的废气从气缸中排出，以便进行下一个工作循环。当气体即将停止膨胀时，排气门开启，靠废气的压力进行自由排气；活塞向上止点移动时，继续将废气强制排出，排气冲程结束。

这四个冲程就是发动机活塞运动的一个循环。不断重复这个循环，车子就有源源不断的动力。

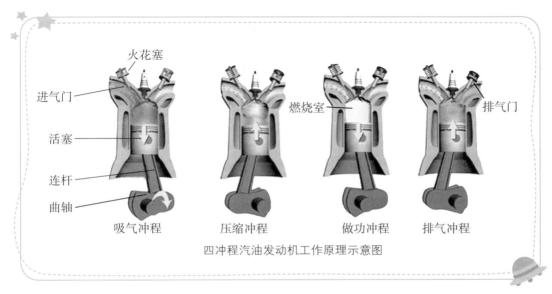

四冲程汽油发动机工作原理示意图

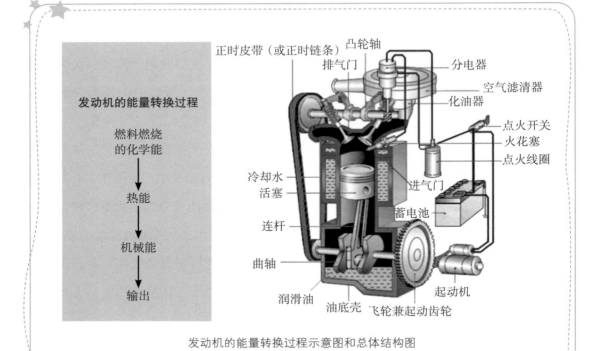

发动机的能量转换过程示意图和总体结构图

三、分析思考

1. 发动机里的燃料在进入汽缸前都需要经过雾化，这样做的目的是什么？

2. 发动机的燃料有汽油和柴油两种，汽油发动机和柴油发动机有什么区别？

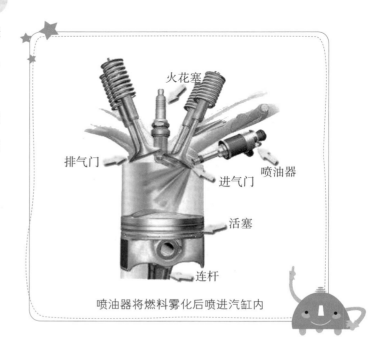

喷油器将燃料雾化后喷进汽缸内

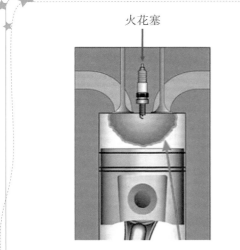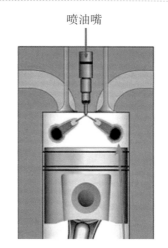

火花塞　　　　　　　　　　喷油嘴

汽油发动机（左图）和柴油发动机（右图）最明显的区别就是引燃方式不同

四、活动过程

（一）活动对象

10 岁以上青少年儿童。

（二）活动步骤

1. 通过斯特林发动机模型的演示引申出气体热胀冷缩的特性。

气体因外部酒精灯加热而膨胀，推动推杆向外；受热膨胀的气体进入冷却缸后迅速降温收缩，体积减小，因而推杆又被气压压回初始位置附近。如此往复循环，便带动了飞轮转动。

2. 通过现代四冲程汽油发动机模型演示发动机工作原理。

通过外部燃烧燃料进行热传递的方式存在不少缺点，比如点燃的酒精灯容易受风的影响，在台风天无法使用；在海拔高的地方，燃烧的热量也不高。采用这个模式的发动机热效率很低，大部分热能都以热量散发的形式损失了，实际用在推动活塞上的做功很少，所以它也驱动不了"大家伙"。随着时代的发展，发动机的工作方式也发生了改变，但是基本原理还是将燃料的化学能转化为活塞运动的机械能并对外输出动力。通过观察现代四冲程汽油发动机模型，思考现代发动机的变化。

3. 体验空气压缩引火仪并动手制作压缩空气动力小车以加深理解。

让参与者使用空气压缩引火仪，通过压缩空气做功使空气温度升高，从而点燃可燃物。这是柴油发动机压燃的原理，与汽油发动机需要火花塞点火有所区别。压缩空气动力小车是将压缩空气做功与齿轮结构连接起来，模拟一个最简单的车辆动力系统。

（三）教学准备和教学过程

教学准备和教学过程如下图所示。

斯特林发动机模型

汽油发动机模型

进气口
排气口
挺杆
活塞
连杆
飞轮
齿轮凸轮总成
曲轴

空气压缩引火仪

压缩空气动力小车

科技辅导员讲解斯特林发动机的原理

科技辅导员在讲解活塞发动机的原理特性

参与者体验空气压缩引火仪制造火光

科技辅导员讲解压缩空气动力小车结构

五、知识延伸

　　汽油发动机经过数百年的发展，现在已经有了一套非常成熟的车辆动力系统，但也存在如热效率不够高、汽油燃烧后的废气会污染自然环境等问题。随着时代的发展，有没有可以替换汽油发动机的动力系统？有没有对自然环境损害小的方法？请你通过查阅资料，发挥自己的创造力和想象力进行思考。

飞行的秘密

课程设计：黄　科

　　人类自古以来都对蓝天有着憧憬，但是却不能像鸟类一样靠扑打翅膀飞起来，这是因为人类的手臂面积和挥动频率无法支撑起自身的重量。飞机的机翼呈流线型，还有辅助翼片，模仿了鸟类的翅膀，可以提供大于自身所受重力的升力。那是不是有"翅膀"就可以飞起来了？还需要什么条件？这就是本课程探讨的内容。

一、展品简介

　　"梦幻飞行模拟器"展品能让观众模拟在飞机驾驶舱中操纵操作杆、油门推杆和脚踏板来控制飞机的滑行、起飞和降落等过程；了解飞机各种仪表数据的意义，学会正确运用飞行指令和操作方法有效控制飞机的飞行姿态；了解飞机的基础结构及飞行的科学知识。

"梦幻飞行模拟器"展品

二、科学原理

常见的飞机根据动力来源或驱动方式可分为两种：螺旋桨驱动式和喷气式。我们在现实或电影、电视剧中看到的小型飞机都是机头顶着螺旋桨，且桨片的造型呈螺旋状，并不是一个平直的面，这样的设计是为了更好、更有效率地扰动空气。机头的星型发动机驱动桨片旋转，随着转速的提升，飞机也慢慢获得一个向前的牵引力向前滑行。这是由于力的作用是相互的，桨片推动周边的空气向后运动，此时空气的反作用力作用在桨片上，方向与空气的运动方向相反，使飞机获得向前的牵引力。飞机滑行后并不能马上起飞，不同的机型需要的起飞速度是不一样的，像塞斯纳-172型的起飞速度在102 km/h左右。为什么起飞需要具备一定的速度？这要用伯努利原理来解释。伯努利原理是一个流体体系的原理，流体（包括气流和水流）的流速越快，压强越小；流速越慢，压强越大。仔细观察可以发现，飞机机翼是一个上方弧形、下方较水平的造型，这个造型在飞行过程中给翼面提供了上下压强差，压强差带来了飞机的升力，从而将飞机"托举"在空中飞行。

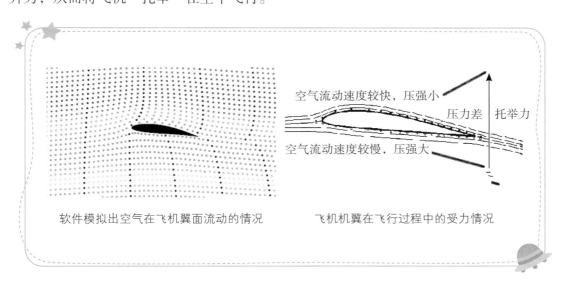

软件模拟出空气在飞机翼面流动的情况　　　　飞机机翼在飞行过程中的受力情况

三、分析思考

1. 地铁或者高铁站台的黄色安全线作用是什么？当高速列车驶过的时候，为什么人会被吸向铁轨方向？

2. 用洗衣机洗衣服，衣裤的兜常常被翻转出来，这是为什么？

高铁站台上都有一条黄色安全线　　　　用洗衣机洗衣服

四、活动过程

（一）活动对象

10 岁以上青少年儿童。

（二）活动步骤

1. 体验牛顿第三定律。

两位参与者分别站在两辆滑板车上，互相发力推对方的双手，观察两个人会如何运动；一位参与者同样站在滑板车上，对着墙壁使力推，观察参与者如何运动。

2. 感受伯努利原理。

让参与者吹 1.5 米长的扁长袋子，看谁能用最快的方法将袋子吹满。观察对着袋口吹和远离袋口吹有什么区别，不同的吹气的速度又会有什么区别。

3. 动手制作航模，将学习到的理论运用在实际中。

给参与者两种航模选择，一种是扑翼机航模，一种是固定翼橡皮筋动力航模。参与者通过不断调试航模的各个部分，寻找能让航模飞得更远更持久的细节，巩固所学知识，提升动手能力。

（三）教学准备和教学过程

教学准备和教学过程如下图所示。

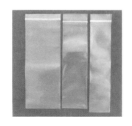

用长方形透明袋来体验伯努利原理　　扑翼机航模（左）和固定翼橡皮筋动力航模（右）

科技辅导员讲解活动涉及的原理知识　　科技辅导员指导参与者调试固定翼橡皮筋动力航模

科技辅导员指导参与者组装扑翼机的细节部分

五、知识延伸

　　伯努利原理其实在我们生活中很常见，人类运用这个原理解决了很多实际问题。我们看到的一些不起眼的现象其实都蕴含着科学知识，要善于发现和总结才能有所领悟。大家一起来发散思维，思考飞机倒过来飞的时候机翼是怎样受力的，它还能不能保持同样的高度飞行呢？

科学乐园

旋转不停歇

课程设计：唐玲芳

在我们生活中，离心现象非常常见，比如在下雨天旋转雨伞可以将水珠甩出伞外、车在转弯的时候车内的人会有向外推的感觉、游乐场项目"飞椅"旋转起来有飞翔的感觉等，这些都是离心现象在生活中的运用。

一、展品简介

"手摇漩涡"展项展示了离心现象。容器底部的叶轮转动推动容器内的水旋转，当水流旋转达到一定速度时，由于离心现象的出现水被往外推，使得外侧的压力增

"手摇漩涡"展项

大，因此容器中的水便形成了由外向内的压力差。又因为流体都具有黏性，会抵抗自身变形，容器内的水由于离心现象的作用形成了神奇的水漩涡。

二、科学原理

所有旋转的物体由于惯性作用都有向外运动的趋势。在物体所受到的向心力消失或向心力不足以支撑其做圆周运动的情况下，物体就会远离中心向外运动，我们把这种现象叫作离心现象。离心现象的本质是物体惯性的表现。物体旋转速度越快，离转轴距离越远，离心现象越明显。

三、分析思考

1. 离心现象产生的原因是什么？影响离心现象的因素有哪些？

2. 离心现象在生活中有哪些应用和危害，能否运用所学知识加以避免？

四、活动过程

（一）活动对象

8 岁以上青少年儿童。

（二）活动步骤

1. 学习离心现象的含义及产生的条件。

实验：滴水不漏。

有什么办法不让倒置水杯里的水流下来？如果旋转过程中松开手或绳子拉力不够，杯子会出现什么情况？通过对实验现象的观察，学生总结出离心现象概念以及离心现象的本质，并理解物体做离心运动的条件。

2. 影响离心现象的因素有什么？能否应用学到的知识解决问题？

（1）实验：隔空运球。

不用手接触小球，慢慢旋转倒扣的杯子，利用离心现象把球装入高脚杯中。

（2）实验：悬浮的水。

有什么办法让水都离开气球底部悬浮起来？通过对比用手直接旋转气球和连接电钻让气球旋转两种方法所产生的不同效果，可以直观感受到影响离心现象产生的一个因素是速度。启发学生理论联系生活，通过所学知识预防离心现象危害，如汽车拐弯时需减速慢行。

（3）实验：大转盘。

把两个相同的物体放在水平转盘上，一个离圆心近一些，另一个远一些。当转盘转动时，观察哪一个先滑离原来的位置，由此引导学生总结出影响离心现象的因素——距离。

3.动手制作、品尝棉花糖，了解离心现象在生活中的应用。

（三）教学准备和教学过程

教学准备和教学过程如下图所示。

学生在科技辅导员的指导下体验隔空运球

学生在科技辅导员的指导下制作棉花糖

五、知识延伸

离心现象在生活中还有哪些应用？

空气大力士

课程设计：唐玲芳

地球的周围被厚厚的空气包围着，称为大气层。空气可以像水一样自由地流动，同时它也受重力的作用，因此空气内部的各个方向都有压强，称为大气压。那么气压是否可以变化？密闭容器内的气压大小受哪些因素的影响？南宁市科技馆科学乐园展厅戏水乐园的"山洞射球"展项就通过压缩气体增大空气的力量展示了空气的威力。

一、展品简介

本展项由气枪、山体模型、小球等构成。山体模型的周围布置有四套气枪，气枪连接一台气泵，观众可将小球置于气枪枪口，使用气枪瞄准正在移动的山洞；按下气枪上的按钮，气枪通过压缩空气把小球喷射到洞中。

"山洞射球"展项

二、科学原理

空气没有固定的形状和体积，将密闭容器内的气体进行压缩，减小其体积，气压会随之增大；其他影响密闭容器气压大小的因素还有温度和气体的量。相同条件下，容器内所含气体越多，气压越大；加热容器内的气体温度越高，气体受热膨胀，分子运动越发剧烈，气压也会随之增大。

三、分析思考

1. 空气是否有质量？是否有固定的形状和体积？为什么我们的身体感受不到大气压的存在？

2. 气压是否会有变化？影响气压大小的因素有哪些？

四、活动过程

（一）活动对象

8 岁以上青少年儿童。

（二）活动步骤

1. 情境导入，带领学生体验展品"山洞射球"，引导学生把手伸入气枪口，感受气压的存在。

2. 气压会不会变化？如何增大气压？影响气压大小的因素有哪些？引导学生了解密闭容器内气压大小的一个影响因素——气体的量。

通过酒精点火压大桶的实验（把酒精倒入桶中，点燃酒精后用木板堵住瓶口，此时燃烧消耗了瓶内的氧气，减小了瓶内气压，瓶内外气压差会将瓶子压扁）引出气压大小和气体的量之间的关系，让学生了解密闭容器内气压大小的一个影响因素——气体的量。

3. 探究密闭容器的气压和温度的关系。

实验：巧取鸡蛋。

通过巧取鸡蛋实验（往倒置的瓶子上浇热水，提高瓶内温度，使气体受热膨胀，增大瓶内气压，从而把鸡蛋挤出）引导学生总结出影响气压大小的另一个因素——温度。

4. 了解密闭容器内气压大小和体积的关系。

实验：变大变小的海绵。

学生动手进行实验，推动和拉动针筒活塞，观察针筒内海绵的变化。通过观察、对比分析，得出气压大小和体积的关系。

5. 制作体验空气炮，了解"山洞射球"的气枪原理。

（三）教学准备和教学过程

教学准备和教学过程如下图所示。

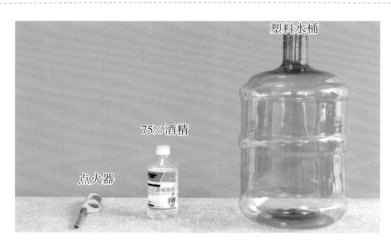

酒精点火压大桶实验材料

巧取鸡蛋实验

变大变小的海绵

空气炮

五、知识延伸

在开放的空间中，影响气压大小的因素又有哪些？

彩色的影子

课程设计：唐玲芳　罗海婷

我们生活中见到的白光其实包含多种颜色。一束白光透过三棱镜分散在墙上会形成一条按红、橙、黄、绿、蓝、靛、紫排列的彩色光带，这是光的色散现象，科学乐园展厅光影展区的"人造彩虹"就展示了这一现象。那么这七种色光是否可以合成或被分解呢？本课程以情景教学和基于问题的学习为主要教学方法，用实验探索制造彩色影子，让学生通过观察影子颜色的变化来了解并掌握色光混合规律。

一、展品简介

在"人造彩虹"展台中设置有一个能转动的三棱镜、一个白光灯和白板，当观众点击启动按钮，打开白光灯，转动手轮带动三棱镜旋转至一定角度，便会看到彩虹

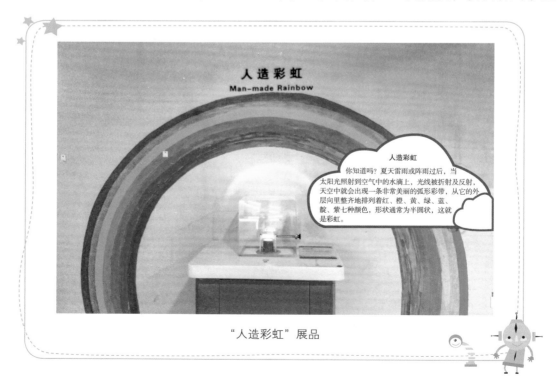

"人造彩虹"展品

出现在墙上。这是白光经过棱镜后分解成的七种不同颜色的光，这种现象叫作光的色散。色散现象说明白光由不同颜色的光组成。通过展品引入色散现象，引导学生思考，七色光是否还可以继续分解或者合成？

二、科学原理

我们都会有这样的儿时记忆，在手电筒的微光下，双手变成信鸽或者小狗的影子出现在墙壁上。那影子是怎么形成的呢？光沿直线传播，由于物体遮住了光线的传播，光不能穿过不透明物体，在物体后面形成了较暗区域，这就是影子。我们通常见到的影子都是黑色的。其实，影子也可以穿上五颜六色的衣服变得绚丽多彩。那如何能制造出彩色的影子？通过组合光源，让彩色的灯光照在影子上，就可以实现影子的变色；而当红、绿、蓝三束不同颜色的灯光从不同角度照射物体时，物体挡住其中一束光形成一个影子，剩下两种颜色的光会照在影子上形成新的颜色，就出现青、黄、紫三种新颜色的影子。七种色光中只有红、绿、蓝三种色光无法被分解，而其他四种色光均可由这三种色光以不同比例相合而成，因此红、绿、蓝被称为"光的三原色"。

三、分析思考

1. 我们通常见到的影子都是黑色的，你有没有见过彩色的影子？

2. 有什么办法制造出彩色的影子？

3. 从影子形成的三个要素——遮挡物、屏幕、灯光入手，让遮挡物、屏幕、灯光分别变成彩色，是否能制造出彩色的影子？

四、活动过程

（一）活动对象

8 岁以上青少年儿童。

（二）活动步骤

1. 引入活动主题，实验探索——从影子形成所需的三个要素着手制造彩色的影子。

学生在已有知识基础上总结出影子形成所需的三个要素——遮挡物、屏幕、灯光，并从这三个要素出发，利用控制变量法设计并动手实验制造彩色的影子。经观察、分析、对比过程，引导并启发学生通过组合光源让彩色的灯光照在影子上，从而实现影子的变色。

2.探索色光混合规律，了解光的三原色的应用。

打开红、绿、蓝三个颜色的灯照射物体，引导学生观察影子颜色的变化，提出问题：没有这些颜色的灯光，怎么会出现青色、黄色、紫色的影子？这些光来自哪里？然后启发学生进行猜想：不同颜色的光混合可能产生新的颜色。最后指导学生进行实验，探索色光混合规律，得出"七种色光中只有红、绿、蓝三种色光无法被分解，而其他四种色光均可由这三种色光以不同比例相合而成"的结论并填写实验手册。

3.动手制作三原色合成灯。

了解光的三原色的应用，知道屏幕显示的丰富的颜色是由红、绿、蓝三种颜色的光按不同比例相合而成。

（三）教学准备和教学过程

教学准备和教学过程如下图所示。

学生进行色光混合实验

实验材料包：三原色合成灯

五、知识延伸

美术颜料混合规律是怎样的？与色光混合规律有什么不同？

探究串联电路和并联电路

课程设计：林海平

电是日常生活中必不可少的能源，它通过电路传递到千家万户。本课程利用电学教学实验箱对应的串联电路和并联电路模块进行探究，可操作性强，有助于开拓学生思维，为电路学习打下基础。

一、课程简介

本课程主要对标小学科学课中的电学知识，利用电学教学实验箱分别进行串联电路探究、并联电路探究以及拓展探究等。每一个探究环节除连接电路实现相应的功能外，还需要在纸上绘制电路图，让学生在动手实践中领悟电路知识和不同电路的区别。拓展探究主要是利用不同类型开关进行串联和并联电路的连接，观察小灯珠亮度或测量小灯珠的电流、电压。

二、科学原理

在串联电路中，元器件逐个顺次连接，电流处处相等，各元器件电压之和等于电路总电压。如果电路断开，整个电路就断开了，无法正常工作。在并联电路中，元器件并列连接，电路不止一条，各支路电流之和等于干路的总电流，各元器件上电压相等；其中一个支路断开了，其他支路还可以正常工作。

三、分析思考

1. 城市晚上的霓虹灯或节假日的彩灯，是串联电路还是并联电路？

2. 串联电路与并联电路有哪些差别，它们在日常生活中分别有哪些具体的应用？

3. 在绘制电路图时，需要注意哪些事项？

四、活动过程

（一）活动对象

9岁以上青少年儿童。

（二）活动步骤

1.观看大都市霓虹灯和节假日彩灯视频片段，组织学生讨论：如果彩灯其中一颗坏掉了，彩灯带还亮吗？提示学生在接下来的探究过程中多做尝试。

2.组织学生分组进行探究学习，从探究中找答案。串联电路只要有一处故障，电路就会断路；而并联电路则不同，没发生故障的其他支路还能正常工作。在日常生活中，如果电视机发生故障，冰箱或者风扇等设备还可以正常工作。另外，串联电路与并联电路的电压与电流是有区别的，具体可以通过观察灯泡的亮度体验；高年级学生还可以通过电表进行测量，用具体的数据展示两种电路的区别。

3.在探究过程中，除了掌握实际电路的连接，还需学习电路图的绘制。在本课程中，学生主要学习各电子器件符号的写法；还需要注意用电器的接入规则，比如注意正负极。

（三）教学准备和教学过程

教学准备和教学过程如下图所示。

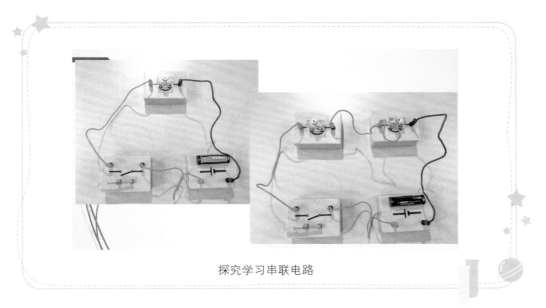

探究学习串联电路

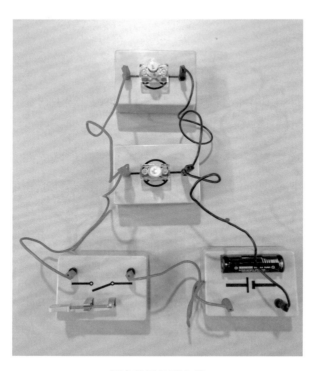

探究学习并联电路

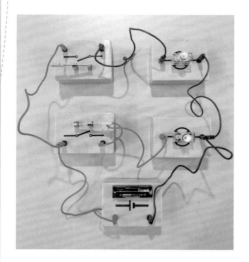

一个分别能控制两个小灯珠亮灭的电路

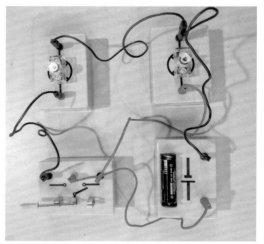

一个用单刀双掷开关分别控制两个小灯珠亮灭的电路

学生分组进行探究学习

学生在分享绘制的电路图

五、知识延伸

在学习串联电路和并联电路的基础上，学生能灵活地组合电路了吗？比如把并联电路改成串联电路，或者设计一个混合电路，又或探究用电器、电路支路等的区别。若条件允许，鼓励高年级学生进一步探究学习。同时，鼓励学生课后利用简易材料制作手电筒等，深入学习及应用电路知识。

视觉暂留

课程设计：奉玉媛

    我们通常通过自身的感知器官综合判断事物，但有时也会产生错觉，导致认知存在偏差。实际生活中，人们经常在不断地纠正错误中感知和适应客观世界。眼睛是我们认知世界的重要器官，大多数时候它都为了我们看到世界上丰富多彩的影像而努力工作。

    在科学乐园展厅的错觉隧道里有四个不同的错觉体验展品，分别是"镜子屋""埃姆斯房间""神奇的光影"和"倾斜的房间"。这些展品能给大家带来不一样的视觉体验。

一、展品简介

    埃姆斯房间：埃姆斯房间应用了"大小恒常错觉"。在这个房间中，若两个身高完全一样的人站在房间的左右两边，观察者就会产生两人有显著身高差异的错觉。

    倾斜的房间：人站立于地面，位于耳中的平衡感受器和眼睛会将各自对地面倾斜程度的感观传入大脑以共同协调，帮助身体保持平衡。当观众进入此房间时，平衡感受器和眼睛会产生互相矛盾的信息，因此观众会感到行走困难甚至头晕。

"埃姆斯的房间"展品   "倾斜的房间"展品

二、科学原理

人眼在观察景物时，光信号传入大脑神经中枢需经过一段短暂的时间，因此光的作用结束后视觉形象并不会立即消失，残留的视觉被称为"后像"，而这一现象则被称为"视觉暂留"。

因为视网膜有惯性，所以当我们的眼睛闭起来，或把物体移开的时候，会觉得这个影像还会在那里，并会停留约 1/16 秒的时间。如果两个影像出现在眼前，时间又小于 1/16 秒的话，就会觉得眼前出现了一个连续不间断的影像。

利用视觉暂留原理可以让静止的画面"动"起来。动画就是一连串的静态影像和视觉暂留所造成的动态影像错觉。

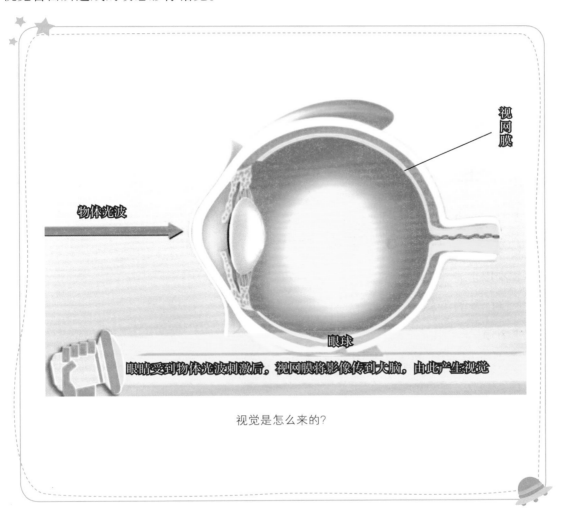

视觉是怎么来的？

三、分析思考

1. 眼见不一定为实。你还知道生活中哪些常见的视觉暂留现象？

雨滴连成线就是一种视觉暂留现象

2. 视觉暂留原理应用在哪些方面？

四、活动过程

（一）活动对象

8 岁以上青少年儿童。

（二）活动步骤

1. 小游戏：眼见不一定为实！

展示"幻盘"、手翻书等各种小道具，让学生认识视觉暂留现象，了解视觉暂留是人眼的特质。

2. 生活中的视觉暂留现象。

列举生活中的视觉暂留现象，让学生学会用视觉暂留的知识解释生活中的现象。

3. 视觉暂留原理让画"动起来"。

了解制作动画所需的要素，讨论、设计、制作费纳奇镜。

（三）教学准备和教学过程

教学准备和教学过程如下图所示。

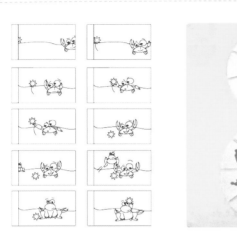

手翻书

费纳奇镜耗材

学生体验探究"动画"展品

五、知识延伸

了解视觉暂留现象的应用历史，感受科学知识给我们的生活带来的改变。

科学侦探：立竿不见影

课程设计：何丹丹

举杯邀明月，对影成三人。

起舞弄清影，何似在人间。

以上关于影子的诗句，能否让你寻找到影子形成的秘密呢？如果你找到的线索不多，没关系，我们还可以借助身边的物品进行试验或验证，解密影子的形成原理。

一、展品简介

这是一件由各种零件拼凑成的模型，似乎看不出是什么造型，或许是一件抽象艺术品。当我们打开灯光，仔细观察，原本凌乱的铁片投射出的影子却截然不同，你看到了什么？

"神奇的光影"展品

二、科学原理

光在空气中沿直线传播，行进中的光遇到物体时会因被阻挡而形成阴影，这就是成语"立竿见影"的科学解释。影子的大小和光源距离、光照角度、物体体积及高度有关。光源距离越近、光照角度越倾斜、物体体积越大、高度越高，形成的影子越大。

三、分析思考

1. 我们什么时候会看到影子呢？

2. 影子为何有时大、有时小，有时还会消失？

3. 影子的形成因素有哪些？

4. 为何新闻报道中还有"立竿不见影"或者"无影"的现象？这些报道是否属实？

四、活动过程

（一）活动对象

10—12 岁青少年儿童。

（二）活动步骤

1. 第一阶段：立竿见影的"影"和什么有关系？

（1）实验猜想：学生根据教师的问题开展讨论，提出自己的猜想。

（2）实验设计：学生自主设计实验进行探究，想办法收集证据来证明自己的猜想。

（3）实验实施：教师鼓励学生利用现有的器材，使用控制变量法开展实验；利用手电筒和直立的物品进行研究。将学生分成四组分别进行实验。第一组是尝试从不同的角度把光照在同一物品上，仔细观察影子的变化；第二组尝试从不同的距离把光照在同一物品上，仔细观察影子的变化；第三组尝试用不同的手电筒照在同一物品上，仔细观察影子的变化；第四组在同样角度、光源和距离下，观察不同物品的影子变化。

（4）实验数据整理与交流分享：学生根据收集到的实验数据进行分析，分享自己发现的规律。

（5）实验小结：光在空气中是沿着直线传播的，行进中的光遇到物体时会因被阻挡而形成阴影。影子的大小和物体大小、光源距离、光源角度有关。

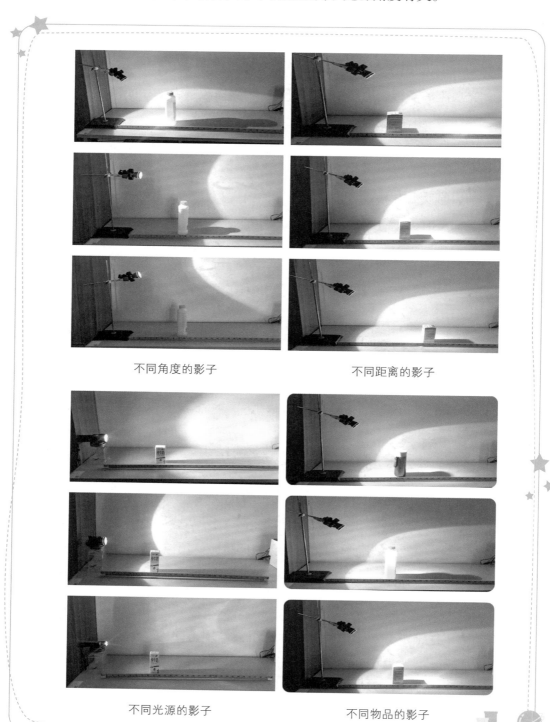

不同角度的影子　　　　　　　不同距离的影子

不同光源的影子　　　　　　　不同物品的影子

2. 第二阶段：探究新闻报道的"立竿不见影"是否属实？

关于"立竿不见影"的新闻报道

（1）实验猜想：学生根据新闻报道的内容开展讨论，提出自己的猜想。

（2）实验实施：引导学生变换光照的角度再次进行试验。

（3）实验发现：当光源在物体的正上方时，物体的影子就消失了，这个时候就出现了"立竿不见影"的现象。

五、知识延伸

拿出家里的地球仪，找一找你家乡和北回归线所在的位置，思考一下地球在自转和公转过程中，是否会出现立竿不见影的现象，太阳直射点的变化又是由什么原因造成的？

自然乐园

种下小小种子，收获大大梦想

课程设计：曾丝颖

　　植物的种子在传播的过程中，一旦获得适宜的条件，就会发芽、生根、抽枝，长出新的植株，进入新的繁衍循环。自然乐园展厅"果菜园""开心农场"等展品展示了不同植物的植株形态和果实。

一、展品简介

　　观众通过观察"果菜园""开心农场"展品，识别不同植物的植株形态及果实的形态，并动手操作将果实和植物匹配起来。

"果菜园"展品

"开心农场"展品

二、科学原理

生活中，我们见过很多植物的种子。吃完水果剩下的果核是种子，比如苹果、西瓜、桃子；花生、蚕豆等坚果类是种子；还有玉米、稻谷、豆类，都是植物的种子。种子的外表形态各有千秋，体积也各不相同，这与它们的生长习性及传播的方式有关。

种子一般由种皮、胚和胚乳三个部分组成。胚是种子的核心部分，将来会发育成新的植物体。胚由胚芽、胚轴、子叶和胚根组成，其中胚芽发育成茎和叶子，胚根发育成根，胚轴发育成连接植物的根和茎的部分，子叶则为种子的发育提供营养。胚乳是种子的养料供应站，主要含有脂类、蛋白质和糖类等化合物。

种子发芽需要有氧气、水分和温度这3个条件，并且缺一不可，还有一些种子需要在光照条件下才能正常发芽。种子发芽还要经历吸水膨胀、萌动突破种皮、发芽长出土壤表层和露出小苗长出真叶这四个过程。

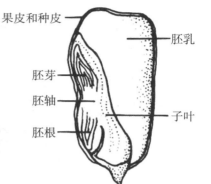

种子发芽过程 种子内部结构

三、分析思考

1. 种子的外在形态为什么各不相同？

2. 种子在发芽过程中怎么变化？

3. 种子发芽需要什么条件？

四、活动过程

（一）活动对象

8岁以上青少年儿童。

（二）活动步骤

1. 你在日常生活中见过哪些植物种子？

观察探究：水果、谷物的种子分别是什么样子？分发不同种子若干，让学生用放大镜观察不同种子的外壳，讨论并标出是什么植物的种子。

2. 种子的内部结构是怎样的？

分组合作完成种子结构拼图，采用速度竞赛的方式增加趣味性；通过拼图及PPT讲解种子内部的各个结构；动手切开玉米种子认识其内部结构。

3. 了解种子发芽的过程及条件，种下种子并做好种植记录。

（三）教学准备和教学过程

教学准备和教学过程如下图所示。

观察种子外形

种子结构拼图

切开种子，观察内部结构

动手种植蔬菜

五、知识延伸

如果缺少其中一个条件，种子会怎样？

疯狂的石头

课程设计：韦晶晶

广袤的大地上，有秀美的山峰、嶙峋的怪石、绵柔的细沙，等等。大自然多彩地貌的形成过程中会产生许多矿物和化石。自然乐园展厅"恐龙化石拼装台""化石鉴定台"等展品展示了恐龙化石相关知识，带领观众探索地貌的成因。

一、展品简介

在沙滩场景内，分布着三叶虫、恐龙、猛犸象等古生物的化石模型。观众将它们拿到拼装台上进行拼装，能够了解骨骼化石的结构特点；或通过化石鉴定台扫描，探索化石的相关知识，进一步探究古生物的奥秘。

恐龙化石拼装台　　　　　　　　　　化石鉴定台

二、科学原理

地球约有 46 亿年的历史，在漫长的地质年代里，曾经有无数的生物在地球上生活，这些生物死亡后的遗体或者生活时遗留下来的痕迹，由于各种原因被泥沙掩埋。

在随后的岁月中，这些生物遗体中的有机质被分解殆尽，坚硬的部分如外壳、骨骼等与包围在周围的沉积物一起经过石化变成化石。从化石可以推断动植物的形态特征和生活环境，以及化石埋藏的地层形成的年代和经历的变化。

在几十亿年的时间里，内力作用造成了地球表面的起伏，形成山地、高原、盆地和平原等地质形态。地壳表层的岩石在阳光、风、电、大气降水、气温变化等外力作用以及生物活动等因素的影响下，经历风化、剥蚀、搬运和堆积，从而形成了现代地面的各种形态。

丹霞地貌　　　　　　　　　恐龙化石

三、分析思考

1. 人们常用"海枯石烂"来形容历时久远，比喻坚定的意志永远不变。石头真的不会腐烂吗？一块大石头在自然界中如何变成小石头？小石头又如何变成砂砾？

2. 恐龙化石是沉积地层史的真实记录，是地层中的特殊文字。那么化石是怎样形成的？

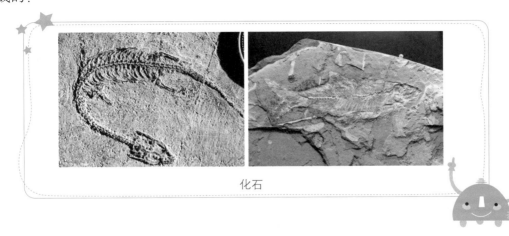

化石

四、活动过程

（一）活动对象

5 岁以上青少年儿童。

（二）活动步骤

1. 哪些是石头？石头都长得一样吗？自然界的哪些因素造成石头有各种各样的形状？

观察对比：鹅卵石、矿石、沙子和土壤都是石头。我们平时所说的石头，其实被科学家们称为岩石，岩石是地球的重要组成部分。风、水还有冰可以改变石头的大小。风化作用可使岩石发生变化，从而形成不同的地貌。

2. 大大的鹅卵石怎么能变成小沙子？通过模拟实验来探究自然界的石头是如何发生变化的。

3. 化石就是有古代生物遗迹的石头。化石一般存在于沉积岩之中，是古生物遗体或遗迹被沉积物埋藏之后，在沉积物的压实、固结成岩过程中，经过石化作用形成的。

4. 是不是所有生物死亡以后都能够成为化石？并不是。生物形成化石是一件非常偶然且困难的事，至少要满足三个条件：第一是生物要有坚硬的部分；第二是生物死亡后被迅速掩埋，隔绝氧气；第三是要经过足够长的时间。

5. 恐龙是怎么变成化石的？根据化石形成的条件，一起制作模拟恐龙化石吧！

（三）教学准备和教学过程

教学准备和教学过程如下图所示。

化石标本

实验材料包

模拟石头摩擦分解实验

体验恐龙化石挖掘

五、知识延伸

恐龙化石是怎么被发现的？

探秘植物色素

课程设计：奉玉媛

当大家在万紫千红的花丛中流连，尽情欣赏着大自然的图画，为大自然的瑰丽感叹时，可曾想过，这绚烂的色彩是怎么来的？在自然乐园展厅，我们可以一起认识大自然，了解与我们一起生活在地球上的植物伙伴们。

一、展品简介

自然乐园的展品"果菜园"通过配对游戏让学生了解果蔬类作物的根茎、果实结构。展厅营造了一个能让动物和植物和谐共生的自然环境，激发学生对生物学和农业科学的兴趣。

"果菜园"展品

二、科学原理

因为植物色素的存在，大自然呈现出五彩斑斓的模样。植物色素包括脂溶性的叶绿体色素和水溶性的细胞液色素，前者存在于叶绿体中，与光合作用有关；后者存在于液泡中，与花朵的颜色有关。植物器官的红、橙、紫等颜色主要通过类胡萝卜素和花青素呈现。

花青素是构成花瓣和果实颜色的主要色素之一，它是一种水溶性色素，性质不稳定，可以随着外部条件的酸碱性变化而改变颜色。一般在酸性条件（如白醋）下偏红，在碱性条件（如肥皂液）下则偏蓝。

植物呈现出不同的颜色，主要取决于植物体内色素的组合与不同环境条件的相互作用。

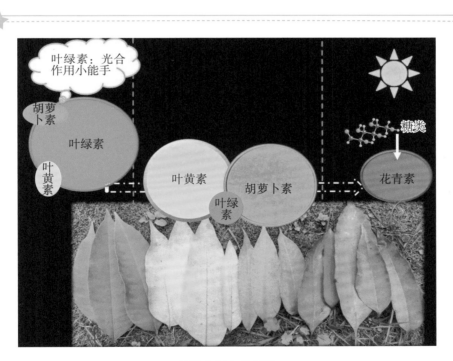

植物中存在的色素

三、分析思考

1.叶片为什么在夏天是绿色的，在秋天会变黄？

2. 语文课诗歌《山行》中有一句"霜叶红于二月花"，为什么枫叶会变红？

不同颜色的树叶

四、活动过程

（一）活动对象

8 岁以上青少年儿童。

（二）活动步骤

1. 探索问题：叶片为什么是绿色的？为什么有些叶片在秋天会变黄？

实验探究：利用纸层析法分离叶绿素和类胡萝卜素。

出示不同颜色叶片中色素含量比例图，简单讲解环境变化时色素比例变化会导致叶片颜色变化的原理。

2. 为什么枫叶会变红？

通过紫甘蓝变色实验，得出花青素会随着外部条件的酸碱性变化改变颜色的结论。因为秋天降温，枫叶积累较多的糖分以适应寒冷，体内可溶性糖多了，就形成了较多的花青素；同时秋天叶子内的 pH 值发生改变，叶内呈现酸性，使花青素呈现出红色。

3. 通过植物敲拓染的方式，提取植物色素，制作自然手工物。

（三）教学准备和教学过程

教学准备和教学过程如下图所示。

用纸层析法分离色素

花青素变色实验

绘制变色龙画片

提取植物色素制作自然手工物

五、知识延伸

利用身边的材料提取植物色素进行各种实验探究与创作，思考植物缤纷的色彩背后隐藏着什么生存智慧。

保护动物，争当地球小卫士

课程设计：曾丝颖

　　万物各得其和以生，各得其养以成。生物多样性是指不同种类的动物、植物乃至微生物与环境形成的复合体以及与此相关的各种生态过程的总和。生物之间根据捕食关系形成食物链，食物链与生物多样性息息相关。因此，人类保护动物不仅仅要保护单一种类的动物，更要保护自然环境、保护生物多样性，才能保护地球家园。

一、展品简介

　　活动依托于自然乐园展厅"感知游戏园""探知生物链"展品。展品展示了陆地、森林、海洋和天空四种自然环境，并通过展示各种模拟自然环境和动物模型，提高青少年的感知能力，培养青少年对大自然的热爱。

"感知游戏园"展品

"探知生物链"展品

二、科学原理

生物之间通过吃与被吃的关系将彼此联系起来，形成食物链。食物链与生物多样性息息相关，当食物链遭受破坏或改变时，生物多样性也会改变。保持食物链的完整和多样化对维持生态系统的平衡有重要意义。

人类大量猎杀动物会破坏食物链的完整，威胁到食物链上下环动物的生存；人类社会活动改变甚至会直接破坏生物的栖息地环境，从而导致植物和微生物种类和数量发生变化，进而影响生活在该地的动物种类和数量，最终生态系统的平衡被破坏。要想恢复被破坏的生态系统，人类需要付出巨大的代价。

三、分析思考

1.食物链中的每个部分都是不可或缺的吗？其中一环消失对整个食物链有什么影响？

2.日常生活中的哪些行为会破坏环境？这些行为是怎样破坏环境的？

3.为了保护动物、保护环境，作为青少年的我们应该做什么？

四、活动过程

（一）活动对象

7—15 岁青少年儿童。

（二）活动步骤

1.通过主题讲解，让青少年了解动物的进化与环境的相互依存关系；通过观察、对比、寻找规律，让青少年了解动物生活习性、栖息地环境及食物链等相关知识。

2.通过观看视频，让青少年认识人类活动对环境的破坏和动物生存的威胁；引导青少年进行"地球小卫士"游戏，让青少年认识到人类的哪些行为破坏了环境，怎样做才能保护地球环境。

3.制作一个动物立体拼图。

（三）教学准备和教学过程

教学准备和教学过程如下图所示。

科技辅导员作主题讲解

"地球小卫士"游戏

五、知识延伸

思考一下，当某种动物濒危时，我们应该怎样去保护这一濒危物种？如果只保护这个物种会怎样？

水果电池

课程设计：奉玉媛

水果含有丰富的营养物质，多吃水果有益身体健康。除了吃，水果还能用来做什么？

一、展品简介

观众可以通过"开心农场"展品认识各种水果，了解植物的相关知识，培养对生物学和农业科学的兴趣。

"开心农场"展品

二、科学原理

水果中含有柠檬酸等电解质，在水果里面插入两种化学活性不同的金属片，连上导线后就形成了原电池。其中，更活泼的金属片能置换出水果中的酸性物质的氢离子，在组成原电池的情况下，由电子从回路中保持系统的稳定。

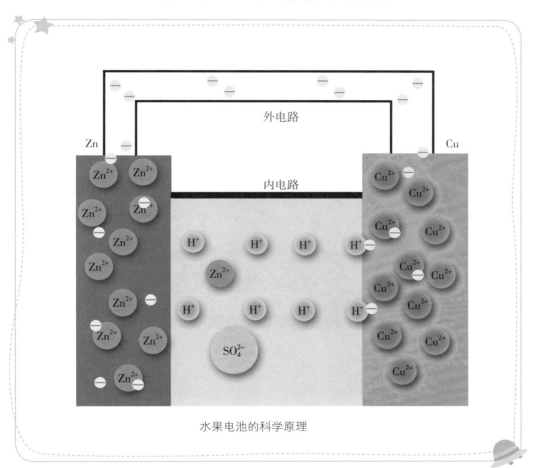

水果电池的科学原理

三、分析思考

用水果也能将灯点亮吗？需要什么材料，要怎么做？

水果电池

四、活动过程

（一）活动对象

8岁以上青少年儿童。

（二）活动步骤

1.亮灯挑战。了解电路的基本构成并学会检查电路。

2.观看《电池发现历史》中伽伐尼发现生物电的片段，讨论伽伐尼及伏特所用的实验材料；设计水果发电探究实验。

3.分组实验探究水果发电，并记录实验结果。

（三）教学准备和教学过程

教学准备和教学过程如下图所示。

电路图

探究水果发电

测量水果发电的电压

水果电池点亮发光二极管

五、知识延伸

生物电之争，伽伐尼认为是"生物电"，伏特认为是"金属电"，你的观点呢？如何验证？查阅相关资料了解生物电技术的发展状况。

昆虫记——显微镜探秘

课程设计：奉玉媛

在我们的地球上，至少生活着 100 万种昆虫。这一数量占到了地球上所有物种的一半以上。可以说，我们的地球简直是一个"昆虫的星球"。

有一个事实不容忽视，那就是所有的昆虫都是和植物一起协同进化的。地球上很大一部分植物依靠昆虫帮忙授粉，同时，昆虫们也依靠植物进行生命活动。昆虫和植物构成了地球生态系统的基础。

一、展品简介

如果农作物在生长的过程中遭受了害虫的破坏，就会影响到一年的收成。"自然农场"设置了有趣的打害虫游戏，学生通过游戏可以认识更多的益虫和害虫，感受保卫庄稼的艰辛。

学生借助"透射光显微镜"展品可观察到肉眼无法看到的信息。通过观察昆虫身上诸如触角、口器、足、翅膀等结构的微小细节，了解昆虫与自然的适应性。

"自然农场"展品

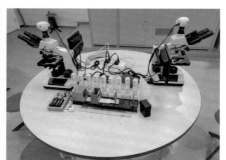

"透射光显微镜"展品

二、科学原理

昆虫有 3 大共同点：身体都分为头、胸、腹 3 个部分；成虫都有 6 条腿，而且都长在胸部；通常有 2 对翅膀。

昆虫的分类：昆虫可分为完全变态昆虫、不完全变态昆虫、无变态昆虫。将这 3 大类进一步细分，还可以分成鞘翅目、鳞翅目等更多类群。

昆虫拥有与它们各自的生活方式、栖息环境相适应的身体。

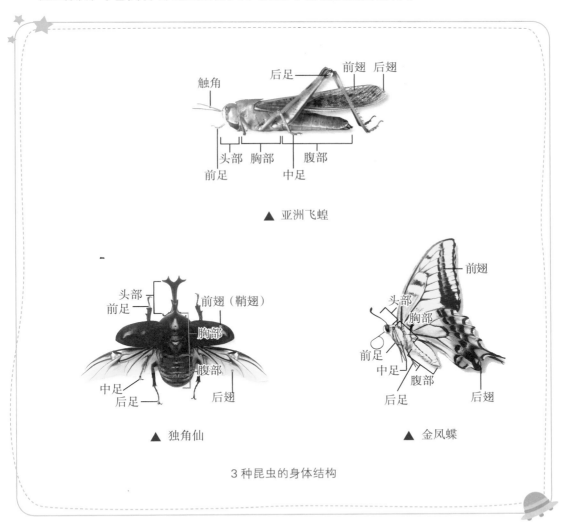

▲ 亚洲飞蝗

▲ 独角仙

▲ 金凤蝶

3 种昆虫的身体结构

三、分析思考

生活中经常见到哪些虫子？它们是昆虫吗？

很多昆虫拥有超越人类想象的奇特外形和怪异长相。它们为什么长得如此不可思议呢？

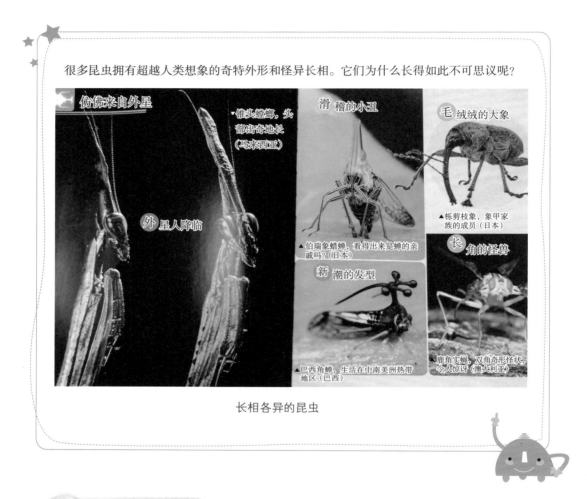

长相各异的昆虫

四、活动过程

（一）活动对象

8岁以上青少年儿童。

（二）活动步骤

1. 什么是昆虫？

观看纪录片《微观世界》，交流讨论哪些是昆虫，它们有哪些共性。

2. 蚂蚁实验室。

测试蚂蚁顺着气味寻找食物的能力，讨论蚂蚁是通过什么来感知气味的。

3. 利用透射光显微镜观察永久玻片标本，观察昆虫身体结构的微小细节，了解昆虫在演化过程中，形成了适应环境的不同构造类型。

（三）教学准备和教学过程

教学准备和教学过程如下图所示。

观察标本

学生配合观察昆虫

学生配合观察记录

学生观察玻片标本

五、知识延伸

蚂蚁、蚊子、苍蝇等日常生活中常见的昆虫整虫能不能直接放到显微镜下观察，为什么？应该怎么做？

一脉书香——制作叶脉书签

课程设计：谭远英

我们常见到形式多样的叶子，你有没有认真观察过叶子的样子？叶子的内部结构是怎样的？具备什么样的功能？

一、课程简介

通过观察各种形式的叶子，掌握叶子的组成以及叶片的结构与功能，简单了解叶子的光合作用和蒸腾作用；剖析叶子横切面，了解叶脉的类型与作用；最后亲自体验制作叶脉书签的整个过程，增强学生的动手能力和审美情趣，让学生体会大自然的魅力，激发学生对大自然、对生命的热爱。

二、科学原理

叶子的组成：完整含有叶片、叶柄和叶托的叶子称为完全叶，如缺少任何一部分的则称为不完全叶。

叶子能进行光合作用和蒸腾作用，可以制造有机物和氧气。

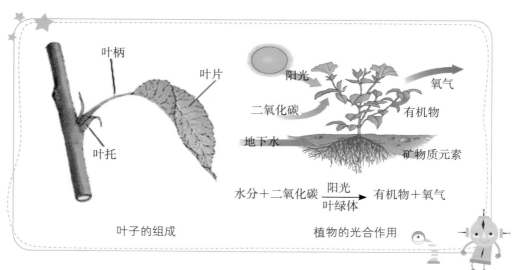

叶子的组成　　　　　植物的光合作用

叶子包括叶端、叶基、叶缘、叶裂、叶脉。其中，叶脉是生长在叶片上的维管束，即植物体内的运输系统，由负责运送水分的木质部与输送养分的韧皮部聚集成束。叶脉分为平行脉、网状脉2种，单子叶植物的叶脉是平行脉，如百合、竹子；双子叶植物的叶脉多为网状脉。叶脉就像叶片的"骨架"，能支持叶片在空中展开，以维持正常的生命活动。叶脉既是输送水分和养分的"血管"，又是支撑叶面的"骨架"。

分叉网状脉　　　　掌状网状脉　　　　掌状网状脉

羽状网状脉　　　　直出平行脉　　　　弧形平行脉

射出平行脉　　　　横出平行脉

叶片中还有导管和筛管，导管能把从根、茎中输送来的水分及溶解在水中的无机盐输送到叶的各个部位，满足叶子的生活需要；筛管能把叶子制造的有机物送出叶片，再通过茎、根等器官中的筛管输送到植物体的其他部位。

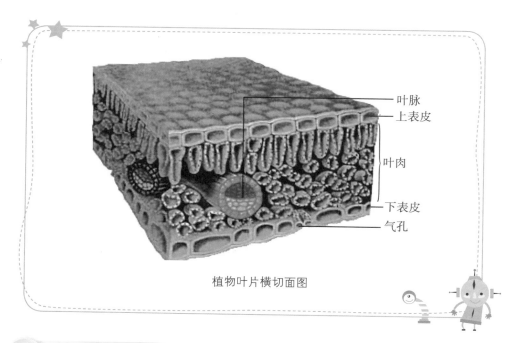

叶脉
上表皮
叶肉
下表皮
气孔

植物叶片横切面图

三、分析思考

1. 叶子是如何为植物"制造"食物的？

2. 叶脉有什么作用？

3. 常见植物的叶脉类型有哪些？

四、活动过程

（一）活动对象

9—12 岁青少年儿童。

（二）活动步骤

1. 选择叶片。

通过学习理论知识，了解适合做叶脉书签的叶子的特征，从而选择合适的叶子。

2. 对叶片的处理准备。

采用腐蚀法处理叶片，探索能够作为辅助的药品。

3. 去除叶肉。

在操作过程中，交流借鉴好方法，保证叶脉的完整性。

4.设计、装饰叶脉书签。

通过染色、绘画、书法等方式设计、装饰叶脉书签。

（三）教学准备和教学过程

实验仪器和耗材：分组活动桌、椅子、蜡笔、画纸、煮好的桂花叶和玉兰叶、镊子、牙刷、托盘、手套、漂白剂、颜料、过塑机、过塑膜等。

实验步骤：采叶—煮叶—刷叶—装饰—塑封。

学生在科技辅导员的指导下制作、设计、装饰叶脉书签

五、知识延伸

课后收集不同的树叶，观察它们的叶脉分别是什么类型的。

健康生活

我们的节日，我们的"艾"

课程设计：丰　盈

本课程结合南宁市科技馆民族医药展区的特色展项，传播中华传统节日文化、民族文化和中医药文化，开展民俗工艺品艾叶香囊的手工制作，既能锻炼学生的动手能力和协调合作能力，又能增强学生与父母间的情感交流。

一、展品简介

"传统的壮医瑶医"展项利用1∶1的全息投影技术，将瑶医的特色疗法庞桶药浴、疗法、药材和器具的使用展示在观众面前。

"壮医药科普堂"展项设置看诊台、草药区和治疗区，不定期邀请壮医或瑶医为观众看诊。在没有专家坐诊时，用多媒体设备播放壮医、瑶医看诊内容和方式，传播壮医、瑶医治病养生之道。

"传统的壮医瑶医"展项　　　　　　　　　"壮医药科普堂"展项

二、科学原理

艾叶为菊科植物——艾的干燥叶，内服有温经止血、散寒止痛的功效，外用则可祛湿止痒；并且它对多种病毒和细菌都有抑制和杀伤作用，是不可多得的药食两用植物。艾叶在清明节、端午节、"三月三"等传统节日中都扮演了重要的角色，与我们的生活有着密切的关系。

艾叶中药浸制标本

三、分析思考

1. 壮医、瑶医都有哪些特色疗法？

2. 中医药文化和传统节日文化有哪些交融？

3. 传统节日的由来及风俗习惯。

四、活动过程

（一）活动对象

10岁以上青少年儿童及其家长。

（二）活动步骤

1. "民族团结促传承发展"中医药知识科普讲解。

结合民族医药展区的展品进行中医药文化展示，开展"民族团结促传承发展"中医药知识科普讲解。

2. 传承民族文化——探究传统节日手工艺品制作。

紧扣时间节点，讲解传统节日和民族特色节日的由来和风俗习惯，带领学生制作艾叶香囊。

（三）教学准备和教学过程

教学准备和教学过程如下图所示。

"三月三"艾叶绣球香囊材料包

端午节艾叶粽子香囊材料包

"民族团结促传承发展"中医药知识科普讲解

科技辅导员向学生及家长科普"三月三"和清明节的由来及风俗习惯

学生和家长在科技辅导员的指导下认真制作艾叶绣球香囊

孩子们认真听科技辅导员讲解端午习俗和如何制作艾叶粽子香囊

五、知识延伸

除了"三月三"、清明节、端午节，我们还有许多传统节日，比如春节、元宵节、中秋节等，在这些节日里全国各族人民又有哪些相同和不同的传统习俗和庆祝方式呢？

食糖的奥秘

课程设计：唐　禹

　　甜味受到世界各地人们的喜爱，因为它能唤起人愉悦的感觉。就日常生活而言，甜味主要来源于各种"糖"。自古以来，糖就在中国人的食物里扮演着重要的角色。本课程结合南宁市科技馆科学生活展厅展品"健康饮食误区"和"膳食宝塔"，从科学饮食的角度带领学生探索食糖的奥秘。

一、展品简介

　　"健康饮食误区"展品以互动多媒体的形式，展示饮食的五大误区及背后隐藏的危害，带领观众走出饮食的误区，养成良好的生活习惯。

　　"膳食宝塔"展品以模拟市场和与多媒体互动的形式，展示平衡膳食基础知识及合理营养搭配知识，为观众提供健康饮食的参考。

"健康饮食误区"展品

"膳食宝塔"展品

二、科学原理

糖的特性包括甘味性、水溶性、吸湿性、渗透性、黏性、发酵性、结晶性、着色性。

甘味性：糖的味道是甜的。如可在咖啡中加糖中和苦味。

水溶性：糖极易溶于水，在 100 ℃时，100 g 水可以溶解近 5 倍的糖。可在水中添加糖，制作糖水。

吸湿性：糖能锁住水分，食物中的糖可以使自由水变成结合水，防止食物脱水和淀粉老化，保持食物的口感。霉菌和细菌没有水不能繁殖，糖的存在让微生物难以得到水分，不能繁殖，从而保持食物不易腐败。在制作蛋糕时添加糖，可使蛋糕的松软口感保持更持久；糖在果酱中的吸湿性使得大量含水的果酱得以延长保存期限。

渗透性：由于渗透压，水分会透过半透膜，从糖度较低的溶液移向糖度较高的溶液。煮果酱时，先用糖腌渍出水，就是利用糖的渗透性来提高效率。

黏性：氢键是糖有黏性的关键，当糖单独存在时，它是由碳、氢和氧原子组成的固体。固态的糖是完整独立的，不会互相黏在一起；但有液体存在时，糖分子中作用很强的氧氢键会开始断裂，松散的氢原子会寻找其他东西来黏住。糖的黏性有助于果胶的凝固，帮助甜品成型。

发酵性：糖作为养分，在酵母菌的发酵过程中起到促进作用。制作面包时，酵母菌吸收糖作为养分，产生二氧化碳和酒精，使得面包膨胀松软。

结晶性：过饱和的糖液，会有结晶析出。可利用糖的再结晶制作霜糖山楂。

着色性：糖的着色性依赖美拉德反应产生焦糖色和独特香气。蛋糕表面烘烤后产生的褐色，源自糖的着色性。

三、分析思考

糖为我们所熟知的一个身份就是调味品，但除调味品之外，糖在食物中是否还发挥着其他作用？糖又有哪些特性？

四、活动过程

（一）活动对象

5—10岁青少年儿童。

（二）活动步骤

1. 糖的水溶性。

探究思考：100 mL水可以溶解500 g的糖吗？在什么样的情况下100 ml的水可以溶解500 g的糖？

探究实验：将学生分成4个小组，每组将500 g糖倒入盛有100 ml水的锅中，然后分别进行不搅拌不加热、搅拌不加热、不搅拌加热、边搅拌边加热4种实验操作，观察记录实验流程和结果。

2. 糖的渗透性。

教师用糖渍番茄演示糖的渗透性。

3. 糖的黏性。

探究思考：我们都吃过蛋糕，蛋糕是什么味道的？蛋糕制作的过程会添加糖吗？除提升口感之外，糖在蛋糕的制作过程中还起着别的作用吗？

探究实验：组织学生分成4个小组，分别进行纸杯蛋糕制作实验。第一、第二组在打发蛋白环节中加糖，第三、第四组在打发蛋白环节中不加糖，观察记录实验流程和结果。

（三）教学过程

教学准备和教学过程如下图所示。

学生进行糖的水溶性实验操作

科技辅导员向学生演示糖的渗透性现象

学生进行糖的黏性实验操作

五、知识延伸

1. 游离糖的概念。

世界卫生组织将糖分为游离糖与内源糖。内源糖指水果和蔬菜中的糖。这些糖由一层植物细胞壁包裹，消化起来更为缓慢，进入血流所需的时间比游离糖更长，没有证据显示其有害健康。而游离糖指包含在加工食品、饮料中以及在蜂蜜、果汁中天然存在的糖分，主要形式包括蔗糖、果糖和葡萄糖。根据世界卫生组织 1990 年制定的标准，成年人每日摄取的游离糖不应超过当天摄取全部热量的 10%。2015 年世界卫生组织颁布的《成人和儿童糖摄入量指南》将游离糖的摄入进一步减少到低于总能量摄入的 5%（有条件建议），以减少超重、肥胖和长蛀牙的风险。

2. 食品配料表标准。

食品配料表是食品标签上的重要内容，是指在制造或加工食品时使用并存在于食品中的主要原材料如食品添加剂、防腐剂等的构成表。2013 年 1 月 1 日起，我国首个食品营养标签国家标准《食品安全国家标准　预包装食品营养标签通则》（GB 28050—2011）正式实施。根据此通则，食品配料的使用量要按照加入量由多到少的顺序来排列，即排在第一位的加入量是最多的，加入量最少的原料排在最后一位。食品的营养品质，本质上取决于原料及其比例。

卡拉胶是什么

课程设计：唐　禹

曾有报道，某品牌的雪糕在室温 31 ℃的房间放置 1 小时没有完全融化，甚至火烧不化，卡拉胶因此被网友指为"罪魁祸首"。那么卡拉胶到底是什么呢？"胶"与食品联系起来，已经令部分消费者感到担忧，更何况还叠加了陌生的"卡拉"二字。雪糕不化，是不是因为添加了卡拉胶？这个卡拉胶跟做鞋底的胶是同一种东西吗？本课程结合科学生活展厅"食品生产安全"展品，从食品安全的角度来带领大家了解卡拉胶。

一、展品简介

"食品生产安全"展品通过触控屏、投影、食物模型相结合的方式展示食品从生产到消费者家中的整个供应过程，以及这些环节中可能存在的安全因素及其他食品安全相关知识。

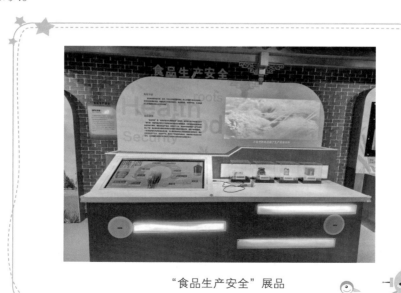

"食品生产安全"展品

二、科学原理

卡拉胶又称鹿角菜胶、角叉菜胶、爱尔兰苔菜胶，是一组从海洋红藻中提取的线性硫酸化多糖的统称。作为一种安全的天然食品添加剂，常被作为凝固剂、增稠剂和稳定剂应用在食品工业、日化、宠物食品等领域。

雪糕中添加了卡拉胶只是"不化"的其中一个原因。为了固型和增稠，卡拉胶还需要和糖、脂肪、其他增稠剂等配料配合使用。雪糕"不化"也不是真的不化，而是在高温下保持了原样，没有化成水，这更多得益于这款雪糕的固形物比例高，水、乳液等液体含量少。

卡拉胶具有下面这些特性。

1. 溶解性：不溶于冷水，但可溶胀成胶块状；不溶于有机溶剂，易溶于热水成为半透明的胶体溶液（在 70 ℃以上热水中溶解速度提高）。

2. 胶凝性：在钾离子存在的情况下能生成热可逆凝胶。

3. 增稠性：浓度低时形成低黏度的溶胶，接近牛顿流体；浓度升高形成高黏度的溶胶，则呈非牛顿流体。

4. 协同性：与刺槐豆胶、魔芋胶、黄原胶等胶体产生协同作用，能提高凝胶的弹性和保水性。

5. 健康价值：卡拉胶具有可溶性膳食纤维的基本特性，在体内降解后的卡拉胶能与血纤维蛋白形成可溶性的络合物，可被大肠细菌酵解成 CO_2、H_2、沼气及甲酸、乙酸、丙酸等短链脂肪酸，成为益生菌的能量源。

卡拉胶的添加标准：

根据国家卫生和计划生育委员会发布的《食品安全国家标准 食品添加剂使用标准》（GB 2760—2014），卡拉胶在稀奶油、黄油和浓缩黄油、生湿面制品、香辛料类、果蔬汁中，只要求"按生产需要适量使用"；在生干面制品、其他糖和糖浆、婴幼儿配方食品中，最高添加量分别是 8.0 g/kg、5.0 g/kg、0.3 g/L。

卡拉胶的允许使用品种、使用范围以及最大使用量

卡拉胶　　　　　　　　　carrageenan

CNS 号　20.007　　　　　INS 号　407

功能　乳化剂、稳定剂、增稠剂

食品分类号	食品名称	最大使用量	备注
01.05.01	稀奶油	按生产需要适量使用	
02.02.01.01	黄油和浓缩黄油	按生产需要适量使用	
06.03.02.01	生湿面制品（如面条、饺子皮、馄饨皮、烧麦皮）	按生产需要适量使用	
06.03.02.02	生干面制品	0.8 g/kg	
11.01.02	其他糖和糖浆〔如红糖、赤砂糖、冰片糖、原糖、果糖（蔗糖来源）、糖蜜、部分转化糖、槭树糖浆等〕	5.0 g/kg	
12.09	香辛料类	按生产需要适量使用	
13.01	婴幼儿配方食品	0.3 g/L	以即食状态食品中的使用量计
14.02.01	果蔬汁（浆）	按生产需要适量使用	固体饮料按稀释倍数增加使用量

卡拉胶在食品产业中的应用

乳制品	主要用来增稠和改善食用口感
冰淇淋	可以防止乳清分离，阻止水结晶的生成，以此改善口感
糖果	由卡拉胶制作的水胶体，是制作水果软糖的主要可选原料之一
酱料	作为增稠剂，增加黏稠度
肉制品	替代脂肪来增加产品的持水性
啤酒	作为絮蛋白质的澄清剂来使用
豆浆及植物奶	增稠剂
苏打水	增强口感，保存香味

三、分析思考

果冻、酸奶、软糖……仔细观察各种零食的包装袋，你会发现卡拉胶可远远不止于被添加到雪糕中。卡拉胶究竟有什么神奇的作用？它又是怎样发挥作用的？

四、活动过程

（一）活动对象

5—10 岁青少年儿童。

（二）活动步骤

1.探究思考：果冻中的卡拉胶发挥着怎样的作用？

2.探究实验：组织学生分成4个小组，每组发挥想象力，尝试利用卡拉胶选择不同的原料和工具完成食物制作实验，并观察记录实验流程和结果。

原料：卡拉胶、牛奶、芒果酱、抹茶粉、水。

工具：电磁炉、电煮锅、搅拌器、搅拌盆、圆形勺、注射器、软管、小玻璃杯。

（三）教学准备和教学过程

教学准备和教学过程如下图所示。

学生利用卡拉胶将芒果酱和牛奶做成"煎蛋"

学生利用卡拉胶将牛奶做成面条

学生利用卡拉胶将抹茶粉和牛奶做成布丁

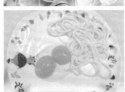
实验成品

五、知识延伸

家里煮的鱼汤、猪骨浓汤在冷却放置一段时间后会变成鱼冻、猪皮冻，这是为什么？

记忆中的兔子

课程设计：赖巧颖　淡婧娴

　　德国著名的心理学家艾宾浩斯提出了"遗忘曲线"，揭示人类记忆的规律。记忆和学习是认知神经科学领域重要的研究方向之一。为了探索大脑与记忆相关的区域，拓宽记忆的广度，训练和提升记忆力，科学家们进行了一系列实验和探索。本课程通过有趣的记忆游戏，认识神奇的大脑，训练观察能力和短时记忆力，对大脑进行适度锻炼，能够让我们的生活更美好，学习更轻松高效。

一、展品简介

　　南宁市科技馆"人的智慧和大脑"展区设置了五个不同类型的脑力挑战，需要参与者运用大脑功能的不同区块。其中的瞬间记忆能力挑战与"穿越雷区"都需要体验者观察题面，形成短时记忆，正确回忆色块和地雷的位置，才能顺利通关。短时记忆是记忆类型中使用频率较高的一种，有着重要的应用价值，如打字、听记电话号码、同声传译、游戏、烹饪等活动都需要短时记忆功能。

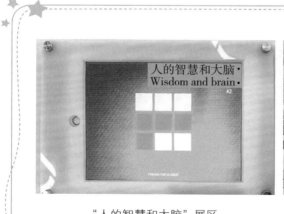

"人的智慧和大脑"展区

"穿越雷区"展区

二、科学原理

人脑是具有高级功能的重要器官，是人体的"指挥部"，也是认知、情感、意志和行为的生物学基础。记忆是大脑对于外界输入信息进行编码、存储、提取的心理过程。心理学家根据信息保持时间的长短，将记忆分为感觉记忆、短时记忆和长时记忆，参与不同的记忆类型的主要脑区也不同。与长时记忆相比，短时记忆的信息储存时间较短，通常可以维持几秒到几分钟，容量也非常有限。美国心理学家米勒的实验结果显示，信息一次呈现后，被试者能回忆的最大数量——短时记忆的容量一般为 7 ± 2 个单元，并且会随着时间的推移而减少。如果没有保持的必要，记忆会被我们迅速忘记，反之，则需要进行巩固，将其转化为能保持几天甚至几年之久的长时记忆。记忆的广度与识记材料的性质及人们对材料的编码加工程度有关，而记忆的保持，需要我们掌握记忆的规律，努力对抗遗忘。

三、分析思考

兔子

1. 大脑中的记忆都是如何形成的？为什么有时候对同一只兔子，我们会出现不同的记忆？

2. 记忆的分类都有哪些？

3. 如何训练记忆？"遗忘曲线"能帮助我们对抗遗忘吗？

四、活动过程

（一）活动对象

8 岁以上青少年儿童及其家长。

（二）教学准备

1. "穿越雷区"、iPad 游戏《人的智慧和大脑》：考察短时记忆。

2. 各类记忆卡片：测试记忆广度、考察观察能力和短时记忆，逐步增加记忆细节和记忆量。

3. 活动材料：桌椅、学习单、挑战规则介绍和成绩记录表等。

（三）活动步骤

1. 关于兔子的记忆如何形成？

兔子毛发的颜色、眼睛的颜色、嘴巴的形状、耳朵的形状和行动姿态的信息都拼凑出大家记忆中的兔子，可是，不同家庭成员与同一只兔子的相遇经历却最终形成了不同的记忆，这是为什么？记忆代表一个人对过去活动、感受、经验的印象积累，大脑是存储记忆的仓库。记忆的形成主要经历信息加工编码、存储和提取三个阶段。在记忆兔子的过程中，参与者通过观察学习获得兔子的相关信息，将特征打包送往大脑"仓库"中存储，老师关于兔子的提问触发了记忆的提取。关于同一种事物或经历的不同记忆，其实是信息编码和存储过程中的差异造成的。

体验"穿越雷区"，复述挑战中经历的记忆形成三个阶段，总结哪些因素会影响记忆的形成，每个阶段是如何处理加工信息的。

2. 认识记忆的分类。

通过随机记忆数字串，引导大脑对记忆分类，根据信息维持的长短分成短时记忆和长时记忆，其中短时记忆是长时记忆的基础素材，短时记忆具有一定"广度"。

不论是短时记忆还是长时记忆，都是通过感觉记忆来认知的，感觉记忆又分为视觉记忆、听觉记忆、动觉记忆和混合记忆。结合趣味游戏和 iPad 游戏《人的智慧和大脑》，体验不同通道形成的感觉记忆，可横向对比记忆的广度和效率。

3. 对抗遗忘的记忆训练。

研究记忆离不开对记忆规律的掌握。艾宾浩斯提出的"遗忘曲线"展示了不及时复习的情况下的遗忘过程。除了时间，脑损伤、病变、衰老、干扰和心理创伤也会造成记忆的减退，对抗遗忘需要科学的训练方法。

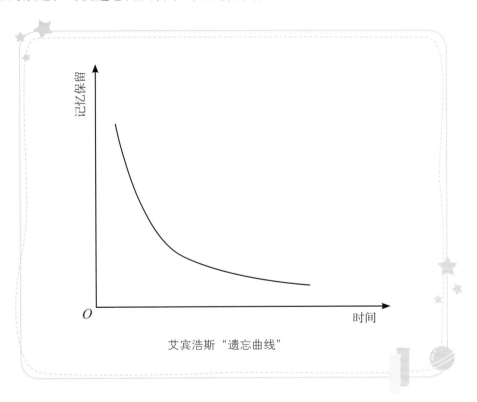

艾宾浩斯"遗忘曲线"

提高记忆力的方法其实就是适当适时地进行记忆训练，包括记忆宫殿法、利用记忆周期反复巩固形成长时记忆、针对观察和注意力的专项训练及联想训练等。利用道具和趣味游戏，培养日常进行记忆和专注训练的习惯，脑神经和肌肉骨骼一样需要"锻炼"。

五、知识延伸

大脑是极其复杂的器官，保护脑的健康需要适当的训练、充足的睡眠和积极的心态。让学生课后搜索更多的训练方法，并从中找到适合自己的记忆方法。

神奇的脑部

课程设计：丰　盈

　　古人认为，心脏是思考器官，人的思维来源于心脏，他们将心脏当作是人类精神的载体，古埃及人甚至认为心是思维器官，大脑则没什么作用。事实真的是这样吗？就让我们一起走进南宁市科技馆了解人体构造，了解神奇的脑部，以及脑部在人的各项生理活动中所发挥的重要作用。

一、展品简介

　　"全息人体与人体系统"展项通过全息投影技术展示人体八大系统的功能。人体八大系统包括运动系统、神经系统、内分泌系统、血液循环系统、呼吸系统、消化系统、泌尿系统和生殖系统，这些系统各司其职、协调配合，使人体内各种复杂的生命活动能够正常进行。

　　"我们的味觉与嗅觉"展项的展台左侧有人类头部一分为二的模型，展示人类嗅觉系统和味觉系统的直接联系。观众选择连接到鼻子或嘴巴的按钮，LED灯将亮起，展示信息传递到大脑的路径，语音说明嗅觉和味觉之间的关系和协同工作。展台右侧设有多媒体触控屏和四个香味瓶子，观众可根据触控屏的提示，先分别嗅闻单一气味的气体，再感受不同单一气体混合在一起的味道，辨别单一气味与混合气味的区别。

　　"人的智慧和大脑"展项设置了速度和运算能力、观察能力、反应能力、瞬间记忆能力以及判断能力和速度五个不同的互动项目，代表不同类型的精神智力，能够运用和锻炼观众大脑的不同功能区块。

"我们的味觉与嗅觉"展项

"全息人体与人体系统"展项

"人的智慧和大脑"展项

二、科学原理

脑分为大脑、小脑和脑干。大脑包括左右两个大脑半球，表面是大脑皮层，约有140亿个神经细胞，是具有感觉、运动、语言等多种生命活动的功能区——神经中枢；大脑皮层是调节人体生理活动的最高级中枢。小脑的作用是调节运动，维持身体平衡。脑干是脑的组成部分之一，下部与脊髓连接。脑干中有些部位专门调节心跳、呼吸、血压等人体基本的生命活动。如果这些部位受到损伤，心跳和呼吸就会停止，从而危及生命。

人脑还可以详细划分出多个区域，每个区域对应管理人体的不同行为动作。

三、分析思考

1. 古人大多认为，心脏是思考器官，人的思维来源于心脏。为什么古人会有这样的认知？

2. 人们是怎么认识到脑才是思维器官的？

3. 喝酒的人走路歪歪扭扭，不能保持平衡，更不能开车，为什么？

4. 脑损伤将导致怎样严重的后果？

四、活动过程

（一）活动对象

7 岁以上青少年儿童及其家长。

（二）活动步骤

1. 人体奥秘主题讲解。

通过对人体奥秘展区的"全息人体与人体系统""我们的味觉与嗅觉""人的智慧和大脑"等 8 个展项进行主题讲解，向观众揭示人体各部位的组成，以及它们协同合作共同维持人体正常生理活动的过程。

2. "神奇的脑"专题讲堂。

结合脑模型向观众科普神奇的脑、人们对脑从古至今的认知的转变过程以及人的各项生理活动中脑所发挥的重要作用。

3. 试一试，亲自动手拼装脑模型并填写科普小问答。

（三）教学准备和教学过程

教学准备和教学过程如下图所示。

人体奥秘主题讲解

脑模型

家长和小朋友们认真听"神奇的脑"专题讲堂

最"牛"大脑解答会

科普小问答

姓名：　　　年龄　　　电话：

1.下列属于人体的八大系统的有（　　）。(多选)

A.运动系统、消化系统　　B.神经系统、内分泌系统

C.呼吸系统、泌尿系统　　D.生殖系统、血液循环系统

2.运动系统由（　　）、（　　）和（　　）组成。

A.骨　　B.神经　　C.关节　　D.肌肉

3.消化系统由（　　）和（　　）组成。

A.消化道　B.消化腺　C.胃

4.人体血液的主要成分有（　　）。(多选)

A.红细胞　B.白细胞　C.血小板　D.血浆

5.（　　）调节运动，维持身体平衡。

A.大脑　　B.边缘系统　C.脑干　D.小脑

最"牛"大脑解答会

科普小问答

6.大脑皮层约有（　　）个神经细胞。

A.140万　　B.200万　　C.140亿　　D.200亿

7.试一试，动手拼接脑模型，并且找出脑中控制记忆的区域在哪里。

8.活动意见调查问题。

a.参加本次活动，你学到了什么？

b.你对本次活动满意吗？有什么改进建议？

日期：

科普小问答

家长和小朋友们认真拆分、拼装脑模型，研究脑构造

填写科普小问答，巩固知识点

五、知识延伸

　　人的脑可以详细划分出多个区域，每个区域对应管理人体的不同行为动作，探究脑具体的功能分区。

指尖上的天书

课程设计：黄庆宁

皮肤是人体最大的器官。皮纹学是一门冷门、神秘但离我们并不遥远的科学。指纹是皮纹中最重要、应用范围最广的一部分。本课程主要从指纹技术的应用领域、发展历史、产生的生理因素进行科普。

一、展品简介

"美妙的外衣"展品展示皮肤的组织结构，介绍人类皮肤的功能和进化优势，以及表皮、汗腺、神经、毛细血管、毛囊、脂肪等部位的相关知识。观众通过按下展台按钮触发冷热装置，就能体验表皮冷热感知。

"美妙的外衣"展品

二、科学原理

皮纹主要是指手掌和足底的生理花纹，尤其在手指、脚趾末端最为密集突出。皮纹具有遗传性，在胚胎期就发育形成，出生后基本不变，具有明显的个体特异性和种族差异性。皮纹学在医学上的应用颇多，目前可通过皮纹分析的遗传疾病有先天愚型、多种常染色体畸变综合征、唇裂、腭裂、先天畸形。皮纹性状与人的健康状况、智力水平和运动能力有密切的关系。皮纹特性存在种族差异，能为准确区分种族和民族，探讨人种的起源和演化提供客观依据。指纹分为斗形纹（50%）、箕形纹（47.5%）、弓形纹（2.5%）三种基本类型。

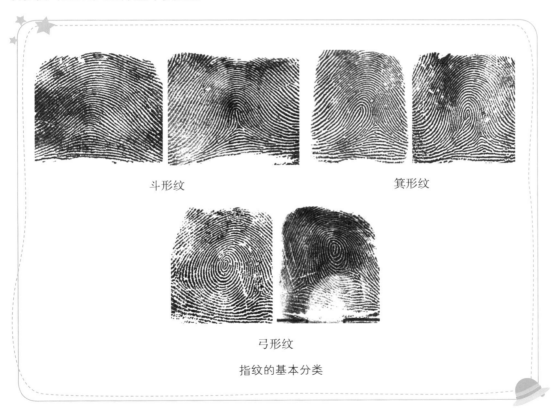

斗形纹　　　　　　　　　箕形纹

弓形纹

指纹的基本分类

三、分析思考

1. 提到指纹，大家首先想到的是什么？

2. 为什么可以通过指纹鉴别出罪犯？

3. 长得一模一样、DNA 相同的双胞胎，指纹一样吗？你和家人的指纹相似吗？小猫小狗有指纹吗？人类为什么会进化出指纹？

四、活动过程

（一）活动对象

8—12岁青少年儿童及其家长。

（二）活动步骤

1. 问题引入：指纹的科学原理介绍。

（1）分发科普宣传册。

（2）引导语：介绍人体最大的器官——皮肤，引导观众观察自己的皮肤，摊开掌心，观察纹路，引出皮纹的概念。

（3）观察与思考：通过以上步骤，过渡到指纹技术的发展历程及指纹技术在遗传学、医学上的应用，让观众肉眼观察自己的指纹，进行简单的归类。

2. 情境导入：认识自己和家人的指纹——指纹记录实验。

（1）思考：世界上最早的指纹是如何记录下来的？我国古代是如何应用指纹、辨别指纹的？我们自己的指纹是什么类型？跟家人的指纹相似度是多少？

（2）实验。

步骤一：让观众们使用实验套装里的印泥，将十个手指的指纹清晰地记录在指纹卡上。

步骤二：对照科普宣传手册上的指纹类别图谱，分析每个指纹的类型，并统计各类型指纹的数量。

步骤三：组内讨论环节。家人之间的指纹相似度有多少？记录在学生的指纹卡片上。

步骤四：全体数据搜集环节。将所有的指纹卡片收集起来，指定一位观众为助手，协助统计男性指纹类型数据、女性指纹类型数据、壮族指纹类型数据、汉族指纹类型数据。

3. 探究与应用：谁是罪犯？

（1）思考：罪犯为什么会在犯罪现场留下指纹？（讲解指纹印记的产生原理）

（2）角色扮演，对比与思考：以家庭为小组，其中一人饰演"罪犯"，将其中一个手指的指纹印在杯子上。其他两人使用指纹提取实验套装的工具提取出指纹，与上一阶段的指纹记录卡进行比对，找出对应的手指。

（三）教学准备和教学过程

教学准备和教学过程如下图所示。

教学准备材料

序号	实验材料名称	数量
1	A4 纸	60 张
2	指纹提取实验套装	30 套
3	指纹记录套装	30 套
4	小手电筒	20 个
5	放大镜	20 个
6	科普宣传册	60 张
7	问卷调查表	60 张

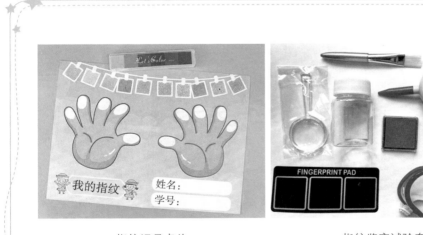

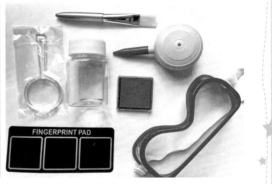

指纹记录卡片　　　　　　　　　　　　指纹鉴定试验套装

五、知识延伸

指纹还可以应用在哪些方面？

科技制作

太阳能玩具车

课程设计：梁耀文

万物生长都离不开太阳，自古以来人们就懂得利用阳光晾晒物品、保存食物，如制盐和晒制鱼干等。太阳能汽车是太阳能发电在汽车上的应用，本课程以制作太阳能玩具车为载体，让学生学习太阳能和太阳能电动车有关知识，提高学生对科学的兴趣。

一、课程简介

本课程主要对标小学科学课电学知识，以制作简易太阳能玩具车作为载体，寓教于乐，培养学生的动手能力和解决问题的能力。

太阳能玩具车

科技辅导员指导学生制作太阳能玩具车

二、科学原理

太阳能电池板在太阳光的照射下产生电能，电能输送至蓄电池进行储存或者驱动电动机。在太阳能汽车行驶过程中，如果日照充足，电能将直接输送给驱动电动机，多余的能量可通过蓄电池控制器输送到蓄电池进行储存；如果日照条件不好，太阳能电池板产生的能量不能够支持太阳能汽车的行驶需要，蓄电池的能量会用于驱动电动机。

三、分析思考

1. 太阳能玩具车在阴天或者冬天是否能够正常使用？

2. 如果没有太阳，要如何使用太阳能玩具车？

3. 太阳能电池板会不会老化？可以使用多长时间？

四、活动过程

（一）活动对象

10岁以上青少年儿童。

（二）活动步骤

1. 太阳能汽车有什么缺点？晚上能不能使用太阳能汽车——抛出问题，引导学生参与讨论，学习电路知识。

2. 介绍太阳能玩具车相关背景知识及制作方法，以及制作过程中需要注意的事项。

3. 动手制作太阳能玩具车，指导学生完成作品。

4. 总结交流。引导学生注意观察周边事物，善于提出问题，分析问题，找到解决问题的最佳方法。

（三）教学准备和教学过程

1. 教学场地：展厅或工作室。

2. 教学准备：太阳能玩具车材料包、十字螺丝刀等。

五、知识延伸

1. 太阳能可以应用在哪些方面？

2. 太阳能汽车在使用过程需要注意哪些事项？

滑行飞机

课程设计：钟　何

很早以前，人们就学会了研究生物以进行发明创造，例如非常高效省力的锯子，就是鲁班观察带有锯齿的野草仿造发明的。经过漫长的发展，如今这已形成了一门学科——仿生学。仿生学实现了人类的很多梦想，我们如今能够飞上蓝天，就是因为模仿鸟儿飞行创造了飞机。

一、课程简介

本课程先介绍仿生学的知识案例，再拓展飞机的发展史和飞行原理，然后组织学生动手拼装制作滑行飞机，最后让学生们发散思维分享交流。通过这一系列的教学，让学生在学到仿生学和飞行的科学知识的同时，也提高了自身的动手能力和科学创造能力。

滑行飞机成品

二、科学原理

这个滑行飞机虽然不能够真正飞起来，但它已拥有完整的飞行结构：机身、机翼、尾翼、起落装置和动力装置。机身承接机翼、尾翼、起落装置和动力装置；动力装置由电池、电机和扇叶组成，通过扇叶转动提供推力，从而使整个飞机向前滑行。

三、分析思考

1. 鸟儿能在空中自由飞翔，它有什么构造？

2. 飞机仿造了鸟儿什么要素？

3. 滑行飞机能滑行却飞不起来，有哪些原因？

四、活动过程

（一）活动对象

10 岁以上的青少年儿童及其家长。

（二）活动步骤

1. 介绍仿生学。

讲解仿生学的概念和相关知识；通过仿生学与飞机的联系，引出主题。

2. 讲解与飞机有关的知识。

讲解飞机的发明史、我国航空工业的重要成就以及我国在航空航天领域，特别是载人航天领域的成就；介绍滑行飞机制作材料包的组成和滑行飞机的制作方法、技巧、需要注意的事项。

3. 动手制作。

以家庭为单位分发材料，指导学生完成滑行飞机的制作。

4. 总结分享。

与学生交流互动，让学生发表感言，阐述活动意义及收获。

（三）教学准备和教学过程

教学准备和教学过程如下表所示。

物料准备

序号	实验材料名称	数量
1	滑行飞机材料包	10 套
2	双面胶	5 卷

滑行飞机成品

科技辅导员指导学生制作滑行飞机

总结分享

五、知识延伸

除滑行飞机之外，你还能想出什么仿生作品？

制"皂"快乐，"皂"就美丽传奇

课程设计：谭远英

病毒无处不在，大多数时候，病毒会与人类"和平相处"。如果不注意卫生，病毒就会伸出魔爪，致使人类罹患疾病。因此，要学会正确的洗手方式。用肥皂和清水洗手，其目的并不是杀灭病毒，而是把病毒从手上洗掉，防止其通过接触进行传播。那么肥皂为什么可以去污，它的原理是什么？肥皂又是怎样制作出来的？

一、课程简介

以"爱卫生的表现是什么"为问题，引入肥皂这一类洗涤用品的发展历史，从功能、原材料、技术、环境的角度看产品的改进，了解科学技术对人类生活的影响，认识人类活动对环境的影响。设计并制作满足需求的手工皂，让参与者在活动过程中理解溶化、凝固等概念，体验完整的工程实践过程，培养合作意识。

二、科学原理

肥皂的主要成分是硬脂酸钠，硬脂酸钠在水中分解为钠离子和羧酸根离子，用化学式表示是 $RCOONa \!=\! Na^+ + RCOO^-$，这就是肥皂的去污原理。

羧酸根离子形似蝌蚪或火柴杆。它的"大头"是极性的羧基，易溶于水，为亲水憎油基；它的"长尾"为非极性的羟基，与有机物互溶，为亲油憎水基（在化学上称为"相似相溶原理"）。

当衣物上的油渍或污垢涂上肥皂，并机械摩擦之后，羧酸根离子就浸润到衣物的缝隙，其亲油基拼命进入油渍颗粒内，与油污结合，而亲水基则死死"赖"在水中，油渍就被羧酸根离子拉下水。油污下水后，由于羧酸根离子的"两栖"结构还具有乳化作用，又变成类似牛奶、豆浆、农药乳剂的水包油型乳状液，使污垢分散在水中而不再回到衣物上，最后经漂洗而除去，这就是肥皂去污的最主要原理。

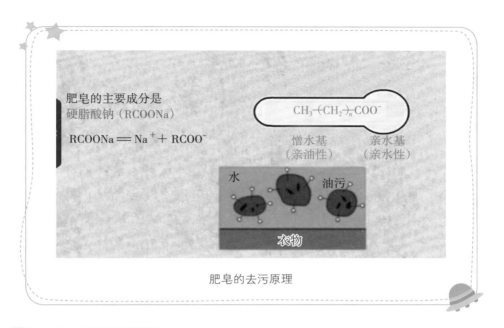

肥皂的去污原理

三、分析思考

肥皂有那么多用处，那它是如何制作出来的？

肥皂的制作原理：油脂＋强碱→肥皂＋甘油

油脂和强碱共煮，水解为硬脂酸钠和甘油，前者经加工成型就是肥皂。

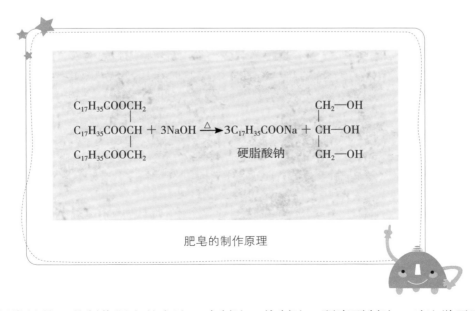

肥皂的制作原理

介绍常见的三种制作肥皂的方法：冷制法、热制法、研磨再制法。对比学习不同制作方法的优缺点，通过理论论证后，让学生选择一种常见、简易的方法制作肥皂。

四、活动过程

（一）活动对象

8—12岁青少年儿童。

（二）活动步骤

1.前期研究：学生讨论从哪些方面考虑肥皂制作方法的选择，比如功能（清洁、滋养）、形状、气味、颜色；为达到相应的功能，应使用什么材料，比如皂基、基础油、牛奶、色素、香精；还要注意什么方面，比如原料的安全性、环保性。

2.设计方案：学生分组讨论并确定设计方案，用表格和画图的方式呈现设计方案。方案内容包括选择的原料名称和用量、操作步骤、实验注意事项、对手工皂外形的设计等。

3.制作模型：根据设计方案制作手工皂，明确操作步骤及注意事项。在操作过程中，理解溶化、凝固等概念。

（三）教学准备和教学过程

实验仪器和耗材：手工皂基、植物油、香精、pH试纸、模具、塑料切刀、颜料色素、包装袋、带耳烧杯。

学生动手制作肥皂

学生动手制作肥皂

五、知识延伸

洗衣粉、洗手液的去污原理和肥皂相似吗？它们又是如何制造出来的呢？

制作病房呼叫电路模型

课程设计：林海平

电子信息技术是当代快速发展、应用广泛的科学技术。无论是在高科技领域还是在日常生活中，电子产品随处可见，这些都是人类发明创造的成果。本课程涉及的模型实用性强，有助于学生开拓思维，培养对科技小制作的兴趣。

一、课程简介

本课程主要对标小学科学课电学知识，以工程项目的方式引入，培养学生像工程师一样思考并解决问题；以制作病房呼叫电路模型作为载体，寓教于乐，让学生学习领悟电子元器件和基础电路的知识。

课程作品展示

二、科学原理

本课程主要是认识和设计电路，定位为基础串联、并联电路，即用干电池作为电源，使用微型开关控制电路，以 LED 灯珠和蜂鸣器为用电器，根据串联、并联电路和用电器的接入规则连接电路，实现设定开关控制指定 LED 灯珠以及蜂鸣器工作的病房呼叫功能。

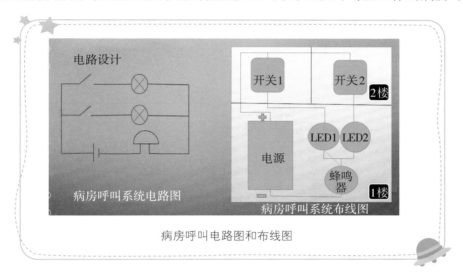

病房呼叫电路图和布线图

三、分析思考

情景分析：小王叔叔开了家两层楼的诊所，一楼是医生护士办公室，二楼有两间病房，各住着一位病人。护士阿姨需要快速、准确地确认是哪间房的病人需要帮忙，你能帮她设计一个呼叫系统，解决这个问题吗？

假如病房呼叫电路可以解决问题，那么病房呼叫电路怎么连接？需要哪些材料？病房呼叫电路外部包装如何解决？在病房呼叫电路制作中我们需要掌握哪些工具的使用方法？

四、活动过程

（一）活动对象

9 岁以上青少年儿童。

（二）活动步骤

1. 通过预设情景，组织学生开展头脑风暴，体验动脑、表达、分享的乐趣，由此引出课程主题，即制作病房呼叫电路模型，通过模型学习串联电路和并联电路知识。

2. 假如我们把制作病房呼叫电路模型当作一个小小的工程项目，我们应该如何"施工"？

引导学生探究解题的正确方法，即像科学家一样思考问题，开展解题构思。

3.讨论得出项目逻辑图，按图逐项探究学习制作病房呼叫电路模型的电路连接知识、元器件知识，以及病房呼叫电路模型外部包装和在制作中工具的使用。

（三）教学准备和教学过程

1.教学准备。

序号	物料名称	备注
1	发光二极管	每人2个
2	蜂鸣器	每人1个
3	微型开关	每人2个
4	电池	每人3个
5	导线	若干段
6	多孔板	每人1个
7	包装盒	选用
8	螺丝刀、剥线钳、热熔胶枪、钳子	若干
9	电脑、投影仪	教学用

2.教学过程如下图所示。

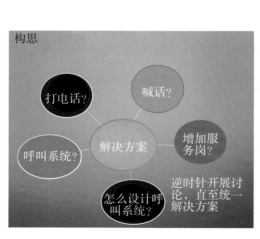

由情景导入问题并讨论，确定解决方案

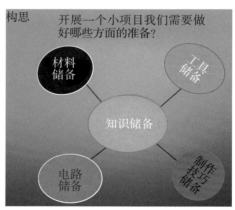

开展讨论和学习构思逻辑图

根据构思逻辑图，对涉及的知识领域逐项进行探究或通过老师分析掌握。

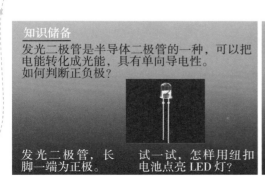

知识储备

发光二极管是半导体二极管的一种，可以把电能转化成光能，具有单向导电性。如何判断正负极？

发光二极管，长脚一端为正极。　试一试，怎样用纽扣电池点亮 LED 灯？

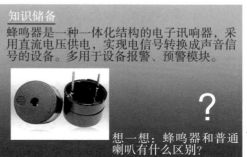

知识储备

蜂鸣器是一种一体化结构的电子讯响器，采用直流电压供电，实现电信号转换成声音信号的设备。多用于设备报警、预警模块。

想一想：蜂鸣器和普通喇叭有什么区别？

学习探究关键模型元器件

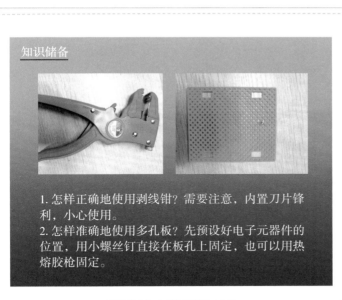

知识储备

1. 怎样正确地使用剥线钳？需要注意，内置刀片锋利，小心使用。
2. 怎样准确地使用多孔板？先预设好电子元器件的位置，用小螺丝钉直接在板孔上固定，也可以用热熔胶枪固定。

学习探究主要材料和工具

热熔胶枪

病房呼叫电路模型的外壳

学生小组正在探究二极管、蜂鸣器的功能、特性

学生小组进行串并联电路探究实验

制作流程：
1. 根据电路图，模拟实物连接，理顺后在多孔板上进行电路布线规划。
2. 根据电路布线规划图，开始固定电子元器件，并用导线按序连接。
3. 电路连接完成后，根据串并联规则检查电路。
4. 电路功能实现后，进一步优化电路。
5. 电路调试完成，完善作品包装，制作完成。

病房呼叫电路模型制作流程图

学生正在检查、完善作品

五、知识延伸

1. 病房呼叫电路还有更好的解决方案吗？还有哪些电子元器件可以实现？假如有更多的病房，我们要怎么设计？

2. 这个电路只适合病房呼叫吗？是否可以在餐饮店、传达室等场所呼叫？

3. 鼓励学生课后对作品继续进行探究。

制作简易电机模型

课程设计：林海平

电机的发明最早可追溯到 19 世纪。电机的出现很大程度上得益于电磁感应定律以及电磁力定律的发现。电动机、发电机、变压器和控制电机，均是以电磁感应原理为基础工作的机器。本课程以制作一款简易电机模型为载体，让学生学习探究磁体和电磁场相关知识，培养学生对科技小制作的兴趣。

一、课程简介

本课程主要对标小学科学课电磁学知识，以制作简易电机模型作为载体，寓教于乐，让学生学习磁体、磁力线、电子元器件和基础电路的知识，探究电磁感应等科学实验，学习制作线圈、电机模型架等科技小制作。

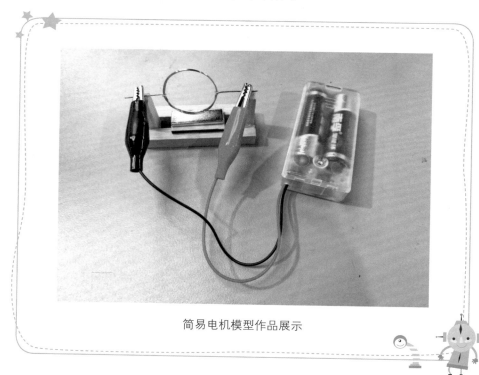

简易电机模型作品展示

二、科学原理

电机的工作原理是磁场对电流受力的作用使电机转动。一根通电导线在磁场中会受到力的作用，这种力在宏观上表现为安培力，在微观上表现为运动电荷所受到的洛伦兹力。通电的线圈产生的磁场与磁体相互作用可使电能转换为机械能，即转换成了电机能量的输出，表现为电机可调控的旋转。

三、分析思考

1. 在日常生活中，大家有没有接触过磁铁？磁铁有哪些特性？

2. 磁铁有磁场、有磁力，所以磁铁之间有相互的作用力存在，那么磁力可以通过电产生吗？

3. 在探究电磁感应实验中，磁力大小跟哪些因素有关，存在什么关系？

四、活动过程

（一）活动对象

9 岁以上青少年儿童。

（二）活动步骤

1. 在日常生活中，大家有没有接触过磁铁，磁铁有哪些特性？

通过对磁铁和铁钉的探究实验，我们发现单块的磁铁可以把一些金属材料吸住、磁化。多块磁铁间有相互作用力，有相互吸引和相互排斥的现象。

2. 磁铁有磁场、有磁力，所以磁铁之间有相互的作用力存在，那么磁力可以通过电产生吗？

通过探究电磁感应实验，我们发现通电的导体在磁场中有磁力产生，并且和磁铁会相互作用。

3. 在探究电磁感应实验中，磁力大小跟哪些因素有关，存在什么关系？

在实验中，我们还发现导体产生的磁力大小和磁场强弱、电流大小有正向的关系。

（三）教学准备和教学过程

教学准备和教学过程如下图所示。

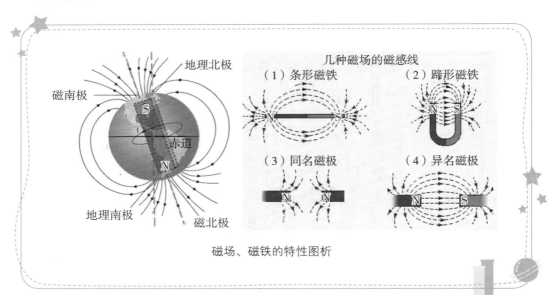

磁场、磁铁的特性图析

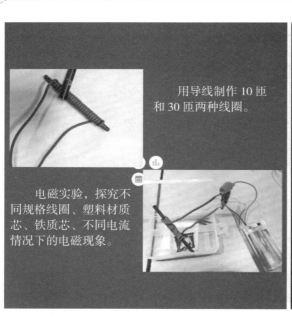

用导线制作 10 匝和 30 匝两种线圈。

电磁实验，探究不同规格线圈、塑料材质芯、铁质芯、不同电流情况下的电磁现象。

探究电磁实验

发现与记录

· 3 V 和 6 V 电压，10 圈线圈和 30 圈线圈，所吸铁钉的数量各是多少？
· 想一想，磁力强弱主要与什么有关？

电压／伏	线圈数／圈	吸铁钉数
3	10	
3	30	
6	10	
6	30	

探究电磁实验记录表

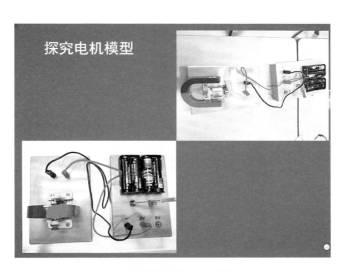

使用教具探究电机模型

学生在制作简易电机模型（制作线圈）

五、知识延伸

线圈尺寸和形状对电机工作有怎样的影响？如果磁铁的尺寸、形状、磁力发生改变，效果会怎样？鼓励学生课后对作品继续进行探究。

创意小时钟

课程设计：蒲瑞锦

石英钟是一种计时的器具，它的主要部件是一个稳定的石英振荡器。石英振荡器产生的振荡频率通过齿轮传动，就能带动时钟指示时间。最好的石英钟，每天的计时能准到十万分之一秒，也就是经过差不多 270 年才差 1 秒。

一、展品简介

石英钟表主要由石英钟芯、钟表盘、指针构成，石英钟芯内部由石英振荡器、集成电路、齿轮等部件构成。指针由时针、分针、秒针构成。

石英钟芯通过石英振荡器产生固定的振荡频率，通过电路系统、齿轮组把能量放大，再通过齿轮组转换成一定比率的驱动力驱动三根指针以稳定的转速转动。钟表盘由 12 个数字组成，每两个相邻的数字与中心的连线夹角大小相同。

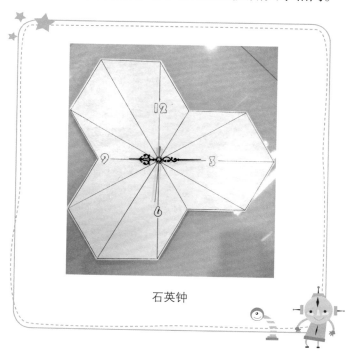

石英钟

石英钟芯

二、科学原理

石英钟以走时准、耗电少、经久耐用为最大优点。不论是老式石英钟还是新式多功能石英钟都是以石英晶体振荡器为核心电路，它的频率精度决定了钟表的走时精度。

齿轮传动是利用两轮齿的轮齿相互啮合传递动力和运动的机械传动。按齿轮轴线的相对位置分平行轴圆柱齿轮传动、相交轴圆锥齿轮传动和交错轴螺旋齿轮传动，具有结构紧凑、效率高、寿命长等特点。

钟芯给指针提供恒定的转速，要准确地读出时间还需要把钟芯固定在钟盘上，钟盘上每两个相邻的刻度间距与指针中心点的夹角大小必须相同，即 12 个刻度中每相邻 2 个刻度间距 30°。

钟盘上的刻度

三、分析思考

1. 机械钟靠什么驱动时钟转动？

2. 齿轮的工作原理是什么？

3. 准确地从时钟读取时间，必须具备什么条件？

4. 钟盘上的刻度或数字的位置是由什么决定的？

5. 如何准确画出刻度？

四、活动过程

（一）活动对象

四年级以上，具有一定结构基础知识和动手能力的青少年儿童。

（二）活动步骤

1. 通过观察发条摆钟了解齿轮传动的原理。

2. 通过观察石英钟芯学习石英钟的原理。

3. 观察钟盘，学习如何准确画出时钟盘面刻度。

4. 工程实践。

（三）教学准备和教学过程

1. 教学场地：小车床工作室、教室。

2. 教学准备：安全台锯、椴木板、铅笔、尺子、热熔胶枪、手套、护目镜、颜料、电钻等。

安全台锯

五、知识延伸

你还认识哪些精度更高的时钟类型？

四足机器人

课程设计：蒲瑞锦

四足机器人可用于车轮无法行驶的复杂地面，实施探索、救援、运输甚至军事行动。因此，对四足步行机器人的研究具有特殊的重要性。通过观察四足动物的行走，总结出规律，利用曲柄和连杆机构，精确设计各个部件，使机器人的四足交替驱动，模拟动物的四足行走。

一、展品简介

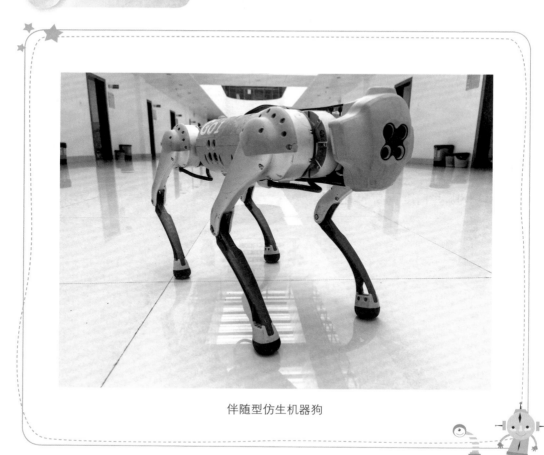

伴随型仿生机器狗

伴随型仿生机器狗是全球首台伴随型仿生机器人，配备独有的 ISS 智能伴随系统，搭载 10 目 SSS 超感知探测，具有 AI 检测、人体识别等先进功能；同时可以选配高精度激光雷达，选配后可以拥有地图构建、自主定位、导航规划、动态避障等功能。

二、科学原理

减速电机：是减速机和电机（马达）的集成体，通常也称为齿轮马达或齿轮电机。减速电机在降速的同时提高输出扭矩，扭矩输出比例按电机输出乘减速比。改变转动力矩，在同等功率条件下，速度转得越快的齿轮，轴所受的力矩越小，反之越大。

减速电机

曲柄摇杆机构：指具有一个曲柄和一个摇杆的铰链四杆机构。通常，曲柄为主动件且等速转动，而摇杆为从动件做变速往返摆动，连杆做平面复合运动。曲柄摇杆机构中也有用摇杆作为主动构件的，摇杆的往复摆动转换成曲柄的转动。

曲柄摇杆的应用

连杆机构：又称低副机构，是机械的组成部分中的一类，指由若干有确定相对运动的构件用低副连接组成的机构。

连杆机构的应用

三、分析思考

制作一个四足机器人，需要注意什么细节？根据引导材质的选择、制作精度的要求，思考如何使用一个电机使机器人的四条腿协调运动，如何固定每条腿。

设计要点：

1. 减速电机的选择。

2. 根据减速电机的大小选择"腿"的大小。

3. 根据轴的大小确定钻孔的大小。

4. 确定曲柄的尺寸。

5. 确定拉杆的长度。

根据比率均衡原则，以现有减速电机的大小，确定"腿"的大小，以现有轴的尺寸确定钻孔的孔径。

拉杆的尺寸由两腿间距确定。

四、活动过程

（一）活动对象

四年级以上，具有一定结构基础知识和动手能力的青少年儿童。

（二）活动步骤

1. 组成研究制作小组，以团队合作形式学习。

2. 观察旧时代火车的轮组结构，理解拉杆原理。

3. 观察自行车脚踏结构，理解曲柄工作原理。

4. 认识轴与轴套，理解三种配合类别的区别。

5. 小组合作，观察老师给出的模型，测量各零部件的参数，制作自己的四足机器人。

（三）教学准备和教学过程

1. 教学场地：小车床工作室、教室。

2. 教学准备：木棍、轻木、学生钻床、学生锯床、手套、护目镜。

五、知识延伸

还可以使用什么结构设计四足机器人？